〔韩〕C2M教育研究所/编　〔韩〕赵润雨/译

空间思维

培养全书

1-1 平面规则 图形制作

1级

山东人民出版社·济南

国家一级出版社 全国百佳图书出版单位

《空间思维培养全书》
图形学习法

追求快速而准确的运算、对公式死记硬背与"套用"，将这样的学习方法作为重中之重的数学教育时代似乎正接近尾声。当下，只要掌握了最基础的数学原理以及搜索引擎的使用方法，我们就可以比以往任何时候都更加轻松、简单地求解一些数学问题。尽管如此，在数学领域中仍然有很多只能依靠人类的亲身经验与独立思考，而不是通过计算器或简单的搜索才能解决的问题。

相较于数理能力或语言能力，孩子们掌握的空间能力与他们在未来的创造力、革新能力方面的关系更加紧密。这里所说的空间能力，是指对二维或三维物体进行视觉化或操作的能力。但最大的问题在于，相比其他能力来说，空间能力的学习很难在短时间内得到有效提高。

2022年版义务教育数学课程标准确立了数学课程核心素养，其中，空间观念是数学核心素养的主要表现之一。空间观念有助于孩子们理解现实生活中空间物体的形态与结构，是形成空间想象力的经验基础。不过，不同的先天能力以及婴幼儿时期相异的学习经历，自然会导致孩子们在空间能力的掌握方面出现巨大的差距。而目前的现实是，关于空间能力的学习大多只是对不同图形或空间的简单体验，没有进一步提供解决空间问题所需的方法论或更多的实践。

这种情况带来的后果，就是在掌握空间能力方面，不同学生之间的差距越来越大，最终导致一些孩子因不熟悉图形而出现惧怕学习数学的现象。

基于这样的问题意识，我们在孩子们认识、学习图形的三个阶段中，选取了培养空间能力最为关键的学前、小学阶段，针对性地研发了新型图形练习书《空间思维培养全书》。编写团队以儿童的年龄特点以及学前教育、小学课程中的核心图形原理为基础，设计了更加科学、系统的图形学习方法，将图形细分为"平面规则""图形制作""立体设计""空间认知"四大类别，循序渐进地提升孩子的空间智能，帮助孩子轻松打好数学学习的基础。

由于20世纪的人们在解决数学问题时更多地需要亲自计算，因此之前的数学教育更加侧重数理能力的学习。与此相反，在当今社会，利用空间能力来设计可知的未来将成为之后数学教育的新目标。然而，对于没有既定公式或指定解题方法的图形学习来说，许多孩子感到不知所措。我们期待《空间思维培养全书》图形练习书可以在空间能力提升方面为这些孩子提供学习指南。

第一阶段
婴幼儿～小学低年级
以教学用具等实物为主的体验式学习

第二阶段
幼儿～小学高年级
解决问题的各阶段图形类型练习

第三阶段
小学高年级～初中
提升预测空间变化的思维能力

目录

1-1　平面规则

第1周：点与线　　　　　　　3

第2周：相同的图形　　　　　15

第3周：数一数　　　　　　　27

第4周：图形规则　　　　　　39

评价测试　　　　　　51

1-1　图形制作

第1周：比一比　　　　　　　65

第2周：拼接图形　　　　　　77

第3周：剪切图形　　　　　　89

第4周：镜子与位置　　　　　101

评价测试　　　　　113

1级

空间思维
培养全书

1-1　平面规则

《空间思维培养全书》的结构与学习方法

· 每天花10分钟完成2页图形练习，轻松无负担！
· 每周5天进行每日练习，第5天再对每周重点图形进行巩固练习。
· 共5回评价测试，逐步提升空间能力！

每周学习内容

每日练习：
"小数学家"们的重点练习，通过给出的提示完成阶段性学习。

巩固练习：
复习重点内容，完成一周的学习。

第1周	第1天	第2天	第3天	第4天	第5天/巩固练习
	第4~5页	第6~7页	第8~9页	第10~11页	第12~14页

第2周	第1天	第2天	第3天	第4天	第5天/巩固练习
	第16~17页	第18~19页	第20~21页	第22~23页	第24~26页

第3周	第1天	第2天	第3天	第4天	第5天/巩固练习
	第28~29页	第30~31页	第32~33页	第34~35页	第36~38页

第4周	第1天	第2天	第3天	第4天	第5天/巩固练习
	第40~41页	第42~43页	第44~45页	第46~47页	第48~50页

评价测试内容

评价测试：
对4周的学习内容进行评价，看看自己在哪一方面还存在不足。

评价测试	第1回	第2回	第3回	第4回	第5回
	第52~53页	第54~55页	第56~57页	第58~59页	第60~61页

第1周

点与线

第1天：点一点 ————————— 4

第2天：连一连 ————————— 6

第3天：描一描 ————————— 8

第4天：按顺序，连一连 ————— 10

第5天：给图形画边线 ————— 12

巩固练习 ————————————— 14

◆ 在线与线的相交处画一个点。

线和线相交的地方是点。

⑤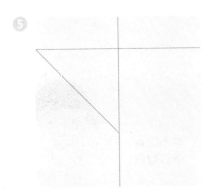

⑥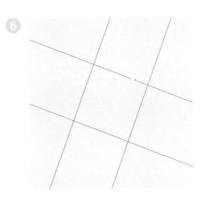

⑦

⑧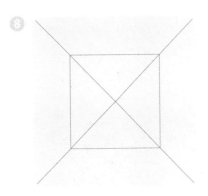

⑨

⑩

◆ 用线段把数字相同的两个点连在一起。

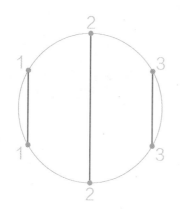

两点之间，线段最短。

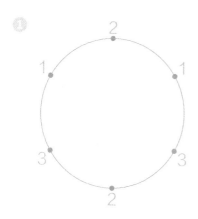

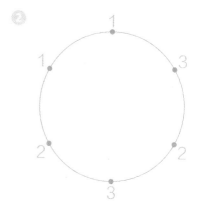

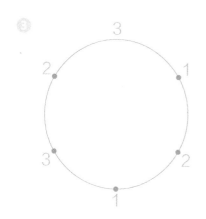

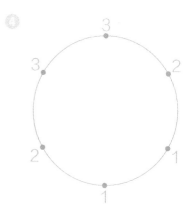

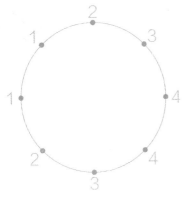

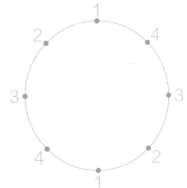

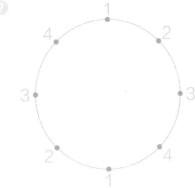

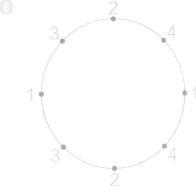

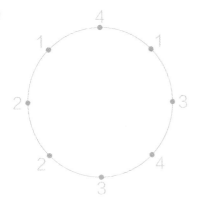

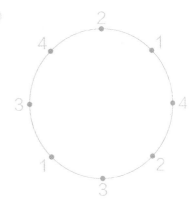

描一描

按照左边的图，在右边画出相同的线段。

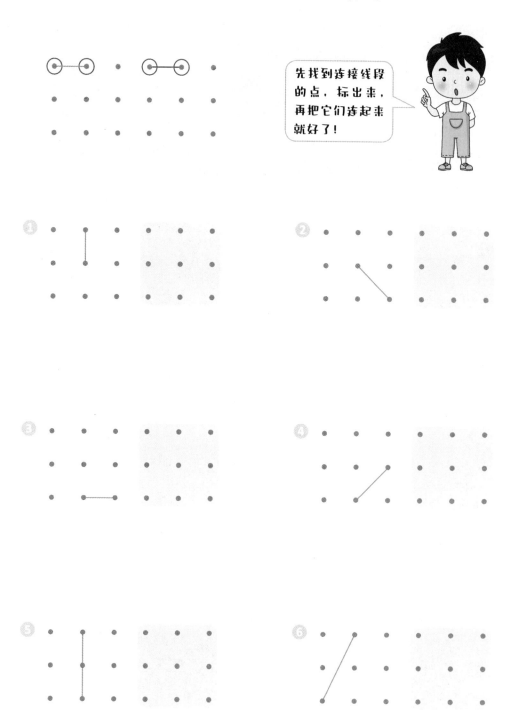

先找到连接线段的点，标出来，再把它们连起来就好了！

按顺序，连一连

◆ 按照数字顺序把点连起来。

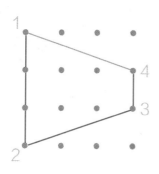

按照1，2，3，4的顺序，把这些点连成有趣的图形吧！

❶

❷

❸

❹

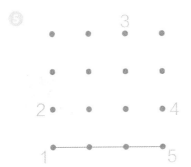

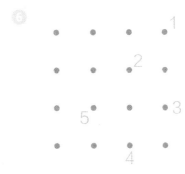

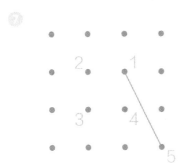

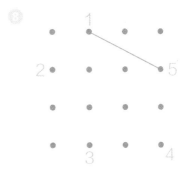

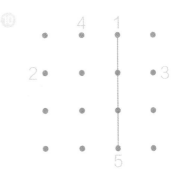

✏️ 画出图形的边线，并在线段相交处画上点。

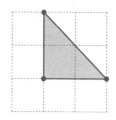

先沿着图形的边线画出线段，然后在线段的交点处画上点。

 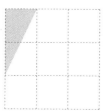

 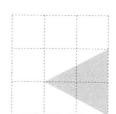

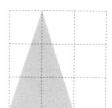

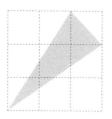

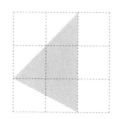

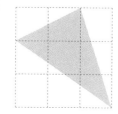

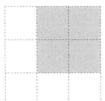

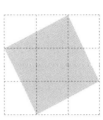

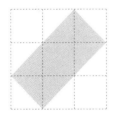

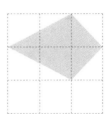

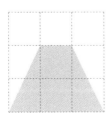

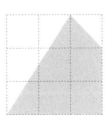

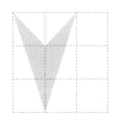

◆ 按照数字顺序把点连起来。

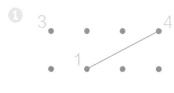

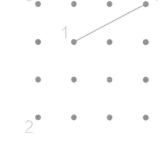

◆ 画出图形的边线，并在线段相交处画上点。

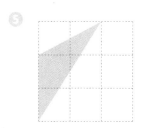

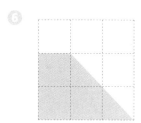

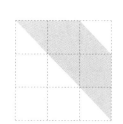

相同的图形

第1天：找一找（1）—————— 16

第2天：找一找（2）—————— 18

第3天：连一连 —————— 20

第4天：画一画（1）—————— 22

第5天：画一画（2）—————— 24

巩固练习 —————— 26

第 **1** 天　**找一找（1）**

✏️ 找出与左边相同的图形，并用〇标出来。

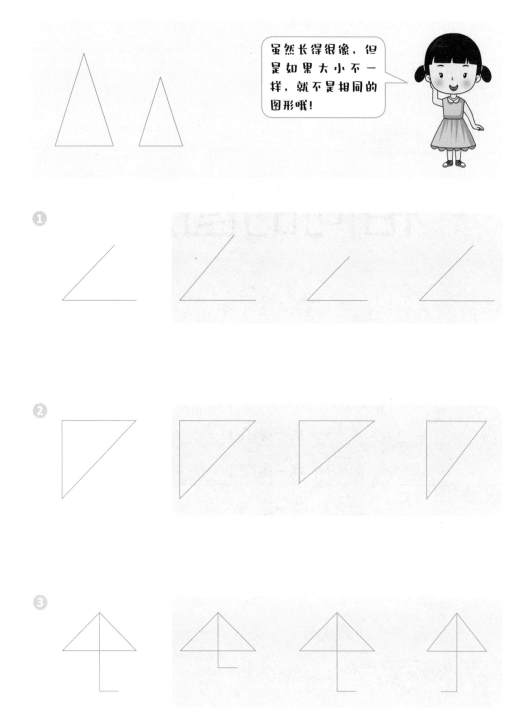

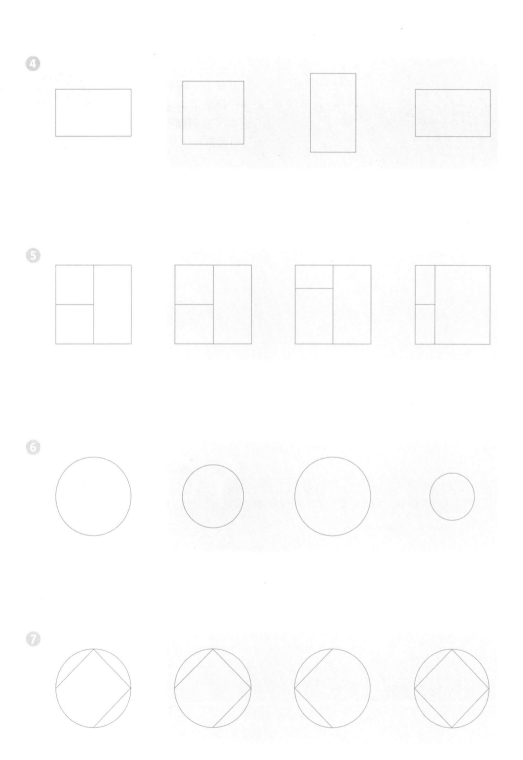

🖊 找出2个相同的图形，并用○标出来。

如果2个图形叠在一起能完全重合的话，它们就是相同的图形！

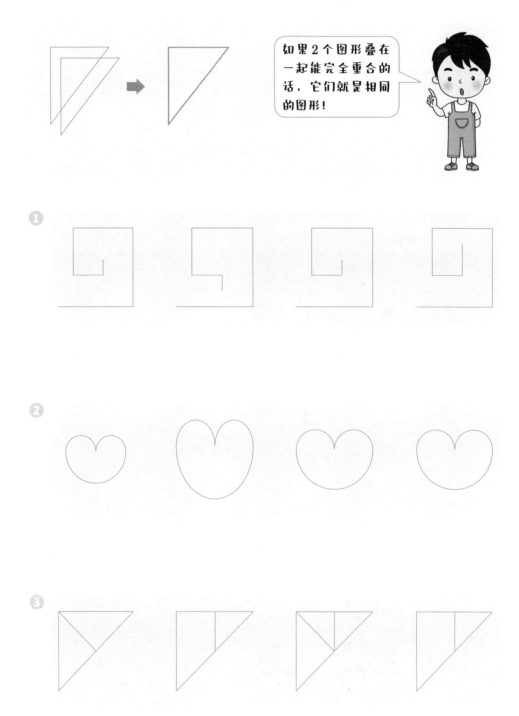

注意左边图形中转折的地方，再把两个点连起来。

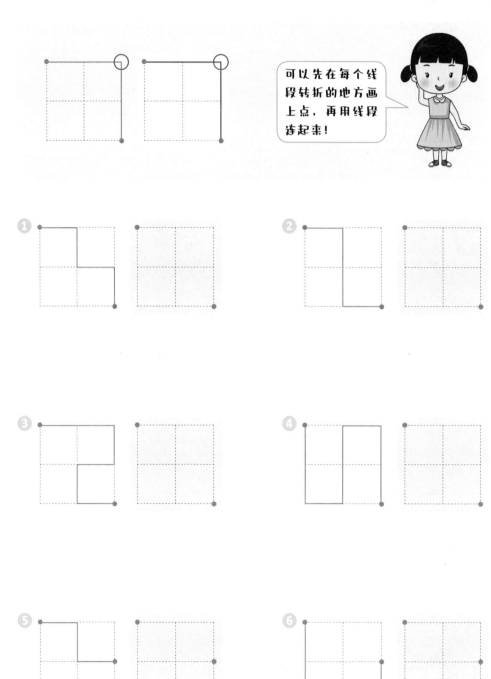

可以先在每个线段转折的地方画上点，再用线段连起来！

⑦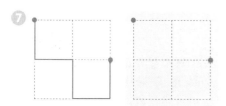

⑧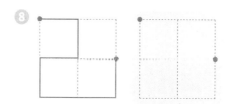

⑨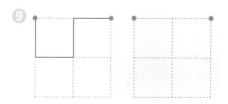

⑩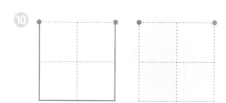

⑪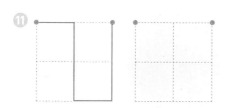

⑫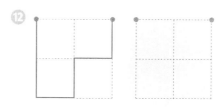

⑬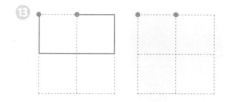

⑭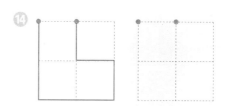

✐ 画出与左边相同的图形。

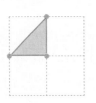 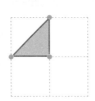

先在每个线段相交的地方标上点，再用线段画出图形就好了！

①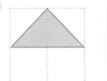

②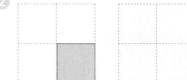

③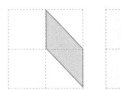

④

⑤

⑥

7

8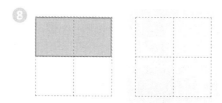

9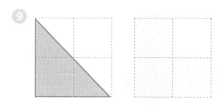

10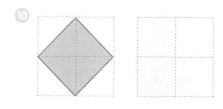

11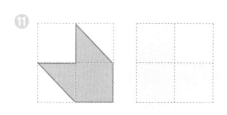

12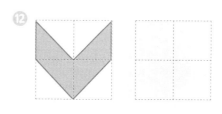

13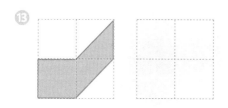

14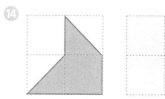

画一画（2）

画出与左边相同的图形。

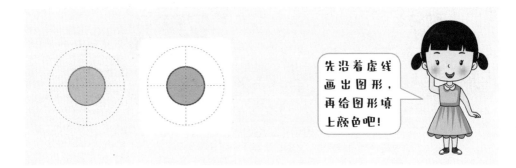

先沿着虚线画出图形，再给图形填上颜色吧!

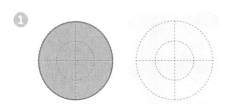

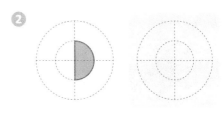

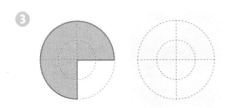

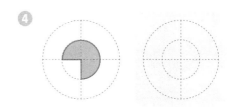

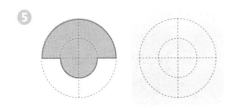

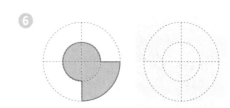

⑦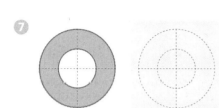

⑧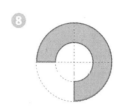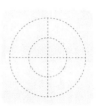

⑨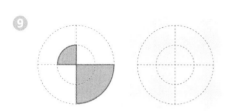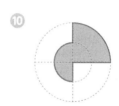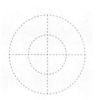

⑩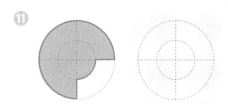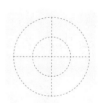

⑪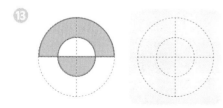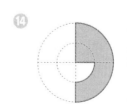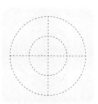

⑫

⑬

⑭

找出2个相同的图形，并用○标出来。

①

②

 画出与左边相同的图形。

③

④

⑤

⑥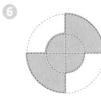

第3周

数一数

第1天：**数一数相交处的点** ⋯⋯⋯⋯ 28

第2天：**数一数转折处的点** ⋯⋯⋯⋯ 30

第3天：**数直线（1）** ⋯⋯⋯⋯ 32

第4天：**数直线（2）** ⋯⋯⋯⋯ 34

第5天：**点与线的数量** ⋯⋯⋯⋯ 36

巩固练习 ⋯⋯⋯⋯ 38

✏️ 在线段相交处画上点，并在 ☐ 内填入点的数量。

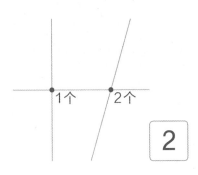

2

每条线段相交的地方都要画上点。别忘记数数一共有几个点哦！

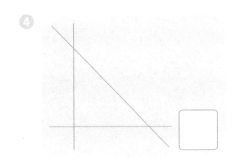

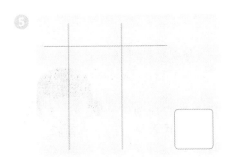

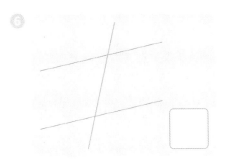

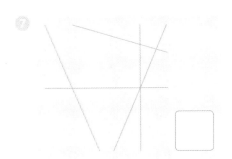

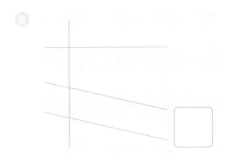

数一数转折处的点

✏️ 在线段转折处画上点，并在 ☐ 内填入点的数量。

线段改变方向的地方就能找到相交的点！

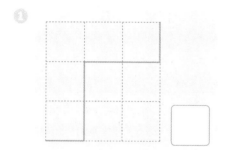

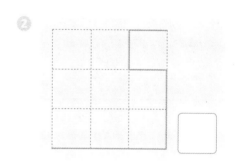

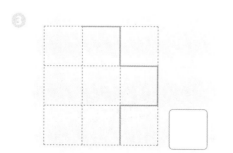

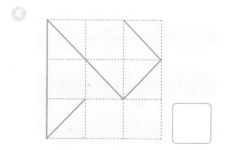

⑤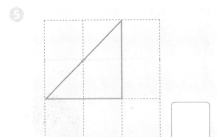

⑥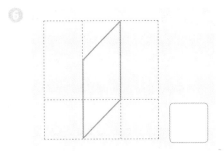

⑦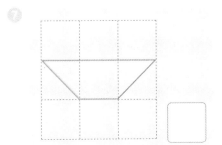

⑧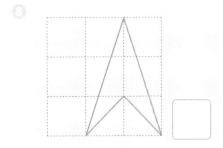

⑨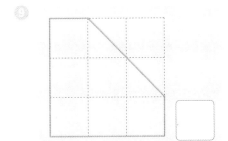

⑩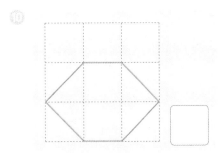

◆ 用○标出连接两个点的线段，并把线段的数量填入□内。

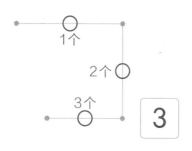

连接两点可以画出一条线段。

❶
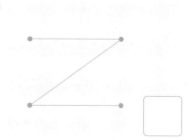

❷
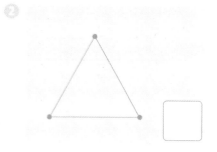

❸
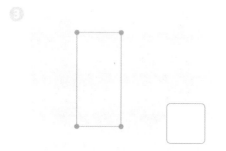

❹
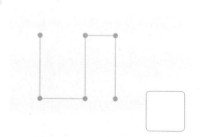

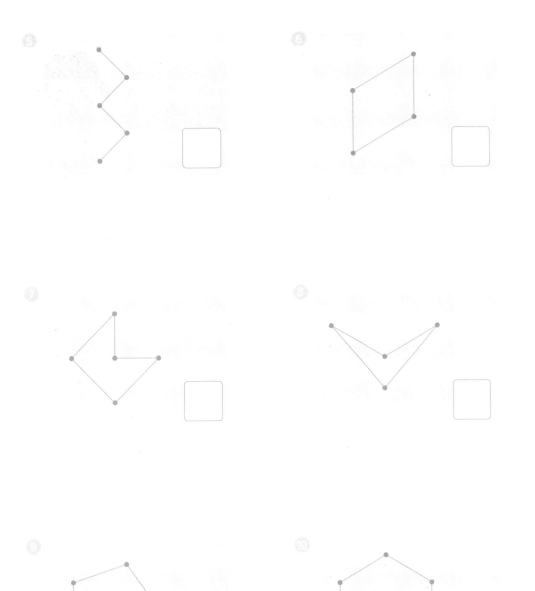

用○标出转折处的线段，并把线段的数量填入☐内。

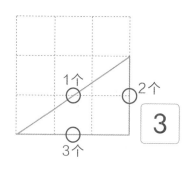

先想象一下每个转折的地方都有一个点，再去数一数线段的数量吧！

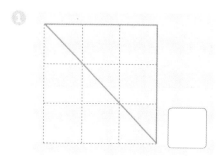

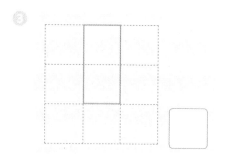

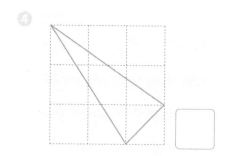

⑤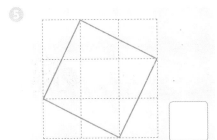

⑥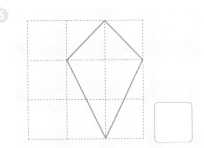

⑦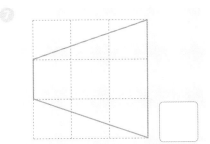

⑧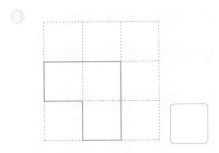

⑨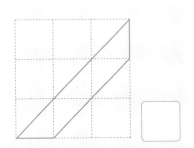

⑩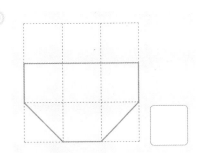

✎ 分别数出交点与线段的数量，并填入 ▢ 内。

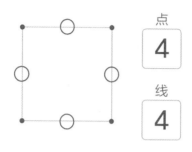

点
4

线
4

交点与线段的数量存在怎样的关系呢？

①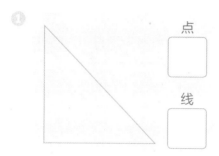

点

线

②

点

线

③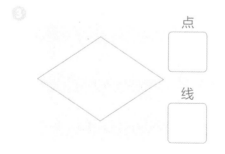

点

线

④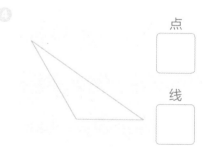

点

线

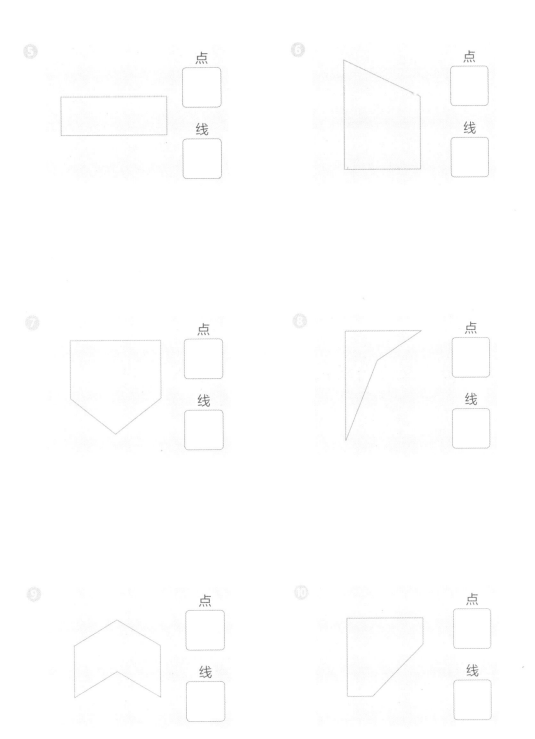

✏️ 在线段相交处画上点，并在 ☐ 内填入点的数量。

①

②

✏️ 分别数出交点与线段的数量，并填入 ☐ 内。

③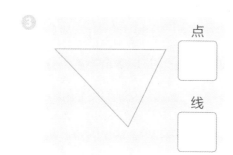

点 ☐

线 ☐

④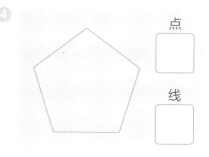

点 ☐

线 ☐

⑤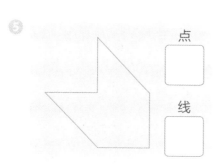

点 ☐

线 ☐

⑥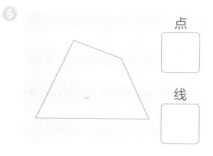

点 ☐

线 ☐

图形规则

第1天：找不同的图形（1） ················· 40

第2天：找不同的图形（2） ················· 42

第3天：找规律，点一点 ················· 44

第4天：找规律，连一连 ················· 46

第5天：找规律，画一画 ················· 48

巩固练习 ················· 50

✏️ 找出与其他不属于同一类别的图形，并用 ✕ 标出。

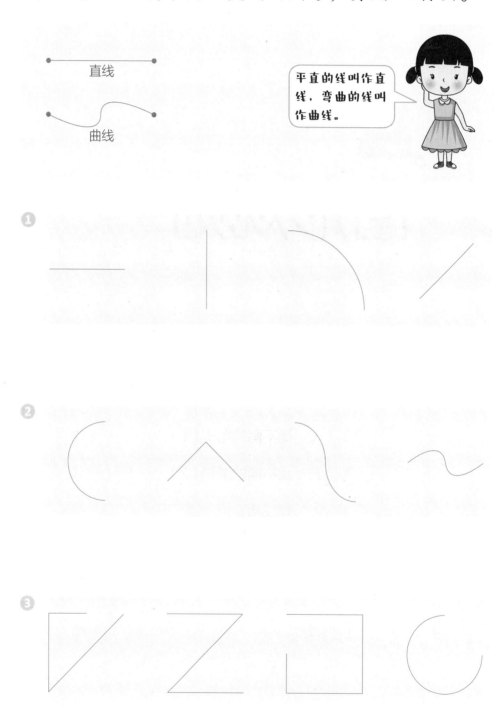

直线

曲线

平直的线叫作直线，弯曲的线叫作曲线。

❶

❷

❸

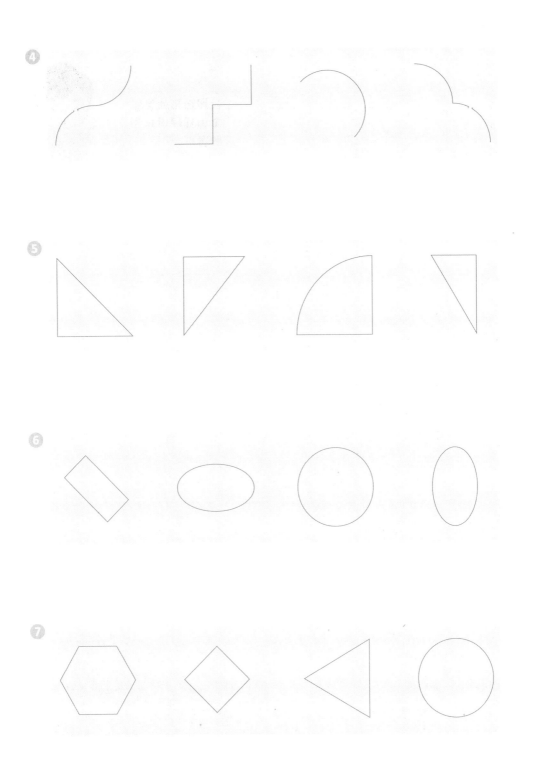

第2天　找不同的图形（2）

✐ 找出与其他不属于同一类别的图形，并用 ✕ 标出。

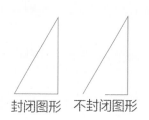

封闭图形　不封闭图形

封闭图形就是完全由线段围起来的图形。

①

②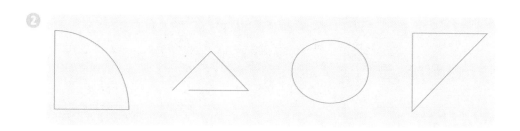

③

🖊 在下图中找出规律，并按照规律在方格上画点。

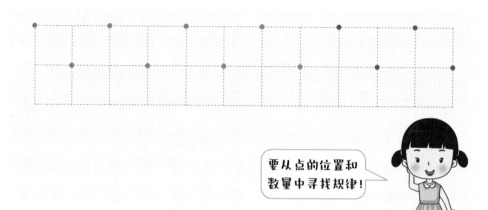

要从点的位置和
数量中寻找规律！

❶
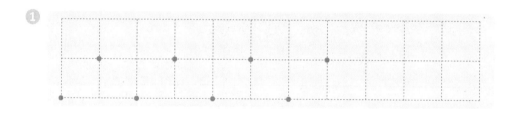

❷
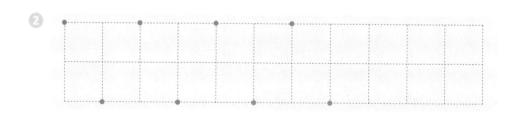

❸
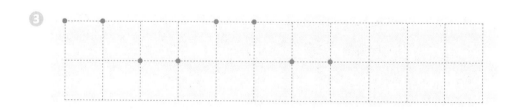

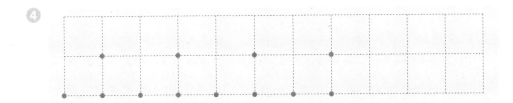

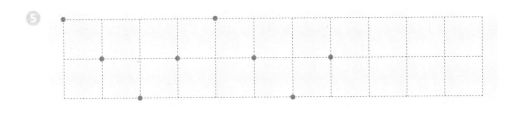

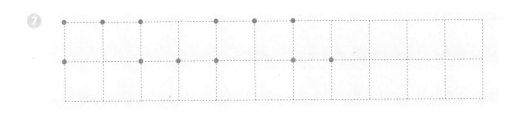

✏️ 在下图中找出规律，并用线段连成规律的图形。

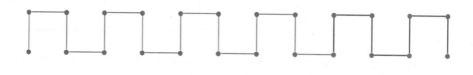

先找出线段连接的规律，再把它们连在一起。

❶

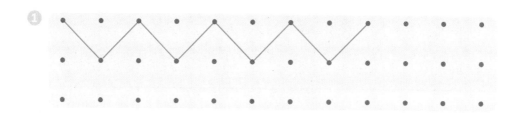

❷

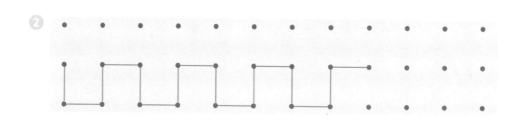

❸

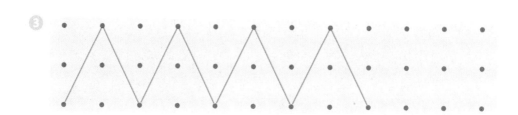

④

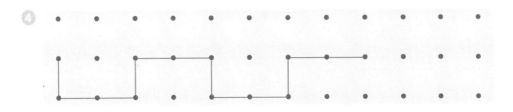

⑤

⑥

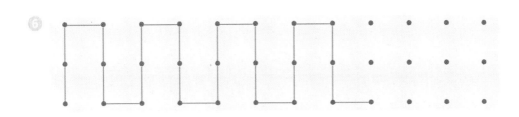

⑦

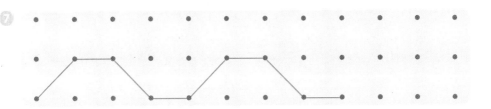

找规律，画一画

◆ 找出图中的规律，并按照规律在右边的空白处画出图形。

要弄清线段是怎么增加或减少的！

①

②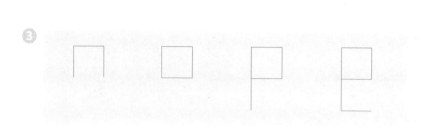

③

4

5

6

7

◆ 找出与其他不属于同一类别的图形，并用 × 标出。

◆ 在下图中找出规律，并按照规律在方格上画点。

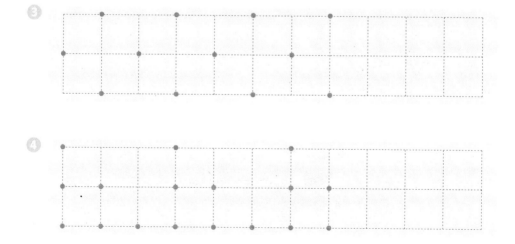

评价测试

此前4周的学习内容会出现在评价测试中。如果题目做错了，请确认是第几周的内容，并认真复习直到学会。

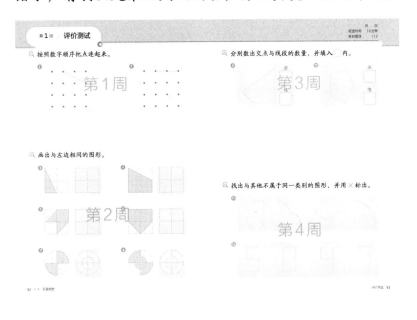

按照数字顺序把点连起来。

1

2

画出与左边相同的图形。

3

4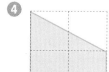

5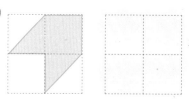

6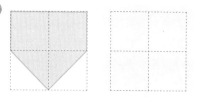

7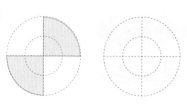

8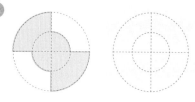

分别数出交点与线段的数量，并填入 □ 内。

找出与其他不属于同一类别的图形，并用 × 标出。

🔍 画出图形的边线，并在线段相交处画上点。

　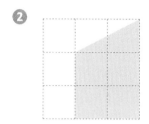　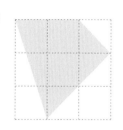

🔍 找出2个相同的图形，并用〇标出来。

 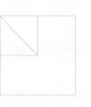 

在线段相交处画上点，并在 ▢ 内填入点的数量。

7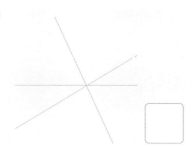

▢

8

▢

9

▢

10

▢

在下图中找出规律，并按照规律在方格上画点。

11

12

按照数字顺序把点连起来。

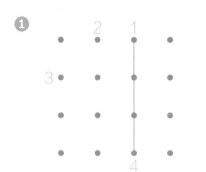

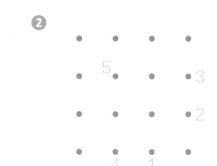

找出与左边相同的图形，并用○标出来。

分别数出交点与线段的数量，并填入 ☐ 内。

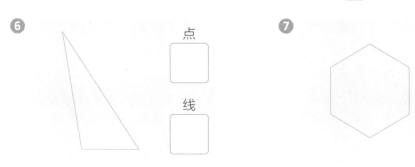

⑥ 点 ☐　线 ☐

⑦ 点 ☐　线 ☐

⑧ 点 ☐　线 ☐

⑨ 点 ☐　线 ☐

找出图中的规律，并按照规律在右边的空白处画出图形。

⑩

⑪

🔍 画出图形的边线，并在线段相交处画上点。

❶ 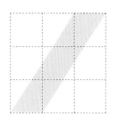　　　**❷** 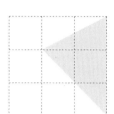　　　**❸**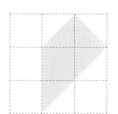

🔍 找出2个相同的图形，并用○标出来。

❹

❺

❻

分别数出交点与线段的数量，并填入 ▢ 内。

⑦

点 ▢

线 ▢

⑧

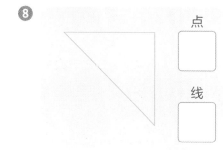

点 ▢

线 ▢

⑨

点 ▢

线 ▢

⑩

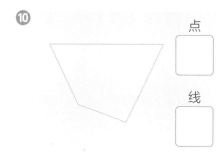

点 ▢

线 ▢

在下图中找出规律，并用线段连成规律的图形。

⑪

⑫

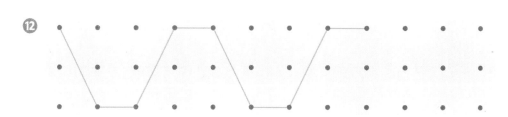

按照数字顺序把点连起来。

画出与左边相同的图形。

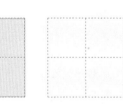

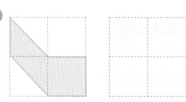

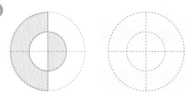

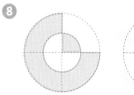

在线段相交处画上点，并在□内填入点的数量。

⑨

⑩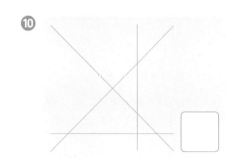

找出与其他不属于同一类别的图形，并用 × 标出。

⑪

⑫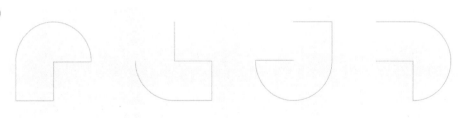

1级

空间思维
培养全书

1-1 图形制作

《空间思维培养全书》的结构与学习方法

· 每天花10分钟完成2页图形练习，轻松无负担！
· 每周5天进行每日练习，第5天再对每周重点图形进行巩固练习。
· 共5回评价测试，逐步提升空间能力！

每周学习内容

每日练习：
"小数学家"们的重点练习，通过给出的提示完成阶段性学习。

巩固练习：
复习重点内容，完成一周的学习。

第1周	第1天	第2天	第3天	第4天	第5天/巩固练习
	第66~67页	第68~69页	第70~71页	第72~73页	第74~76页

第2周	第1天	第2天	第3天	第4天	第5天/巩固练习
	第78~79页	第80~81页	第82~83页	第84~85页	第86~88页

第3周	第1天	第2天	第3天	第4天	第5天/巩固练习
	第90~91页	第92~93页	第94~95页	第96~97页	第98~100页

第4周	第1天	第2天	第3天	第4天	第5天/巩固练习
	第102~103页	第104~105页	第106~107页	第108~109页	第110~112页

评价测试内容

评价测试：
对4周的学习内容进行评价，看看自己在哪一方面还存在不足。

评价测试				
第1回	第2回	第3回	第4回	第5回
第114~115页	第116~117页	第118~119页	第120~121页	第122~123页

比一比

第1天：直线与弧线 ———————— 66

第2天：更长的线 ———————— 68

第3天：比长短（1） ———————— 70

第4天：比长短（2） ———————— 72

第5天：最短路径 ———————— 74

巩固练习 ———————— 76

用〇标出两点之间最长的线，再用 ✕ 标出两点间最短的线。

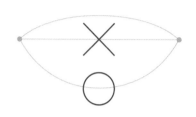

有没有发现两点之间线段最短呢？

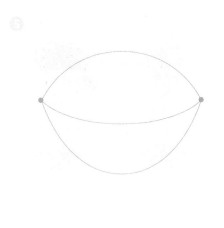

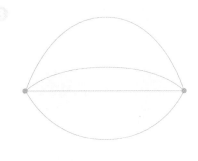

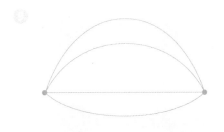

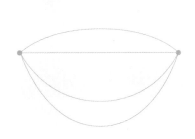

✐ 找出两条线段中更长的那一条，并用○标出。

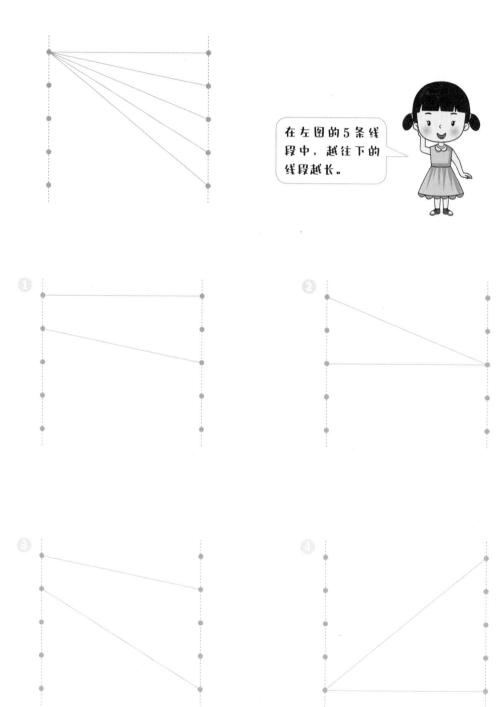

在左图的5条线段中，越往下的线段越长。

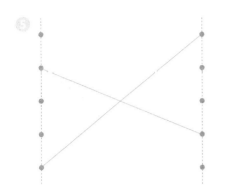

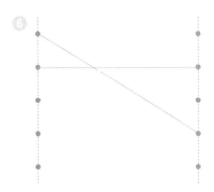

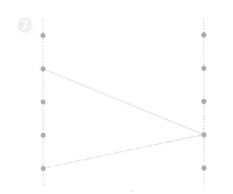

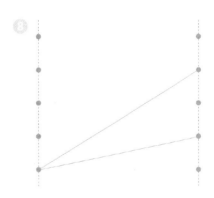

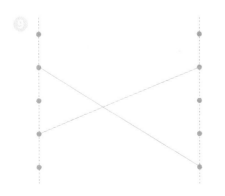

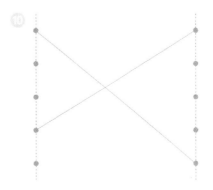

按照从短到长的顺序在 ▢ 内填入线段的名称。

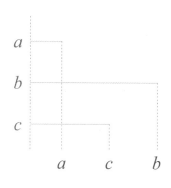

将线段一端对齐，比较另一端，就能知道线段的长短了。

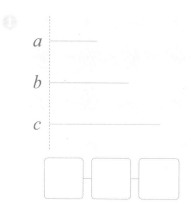

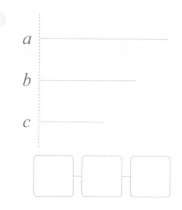

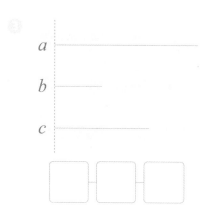

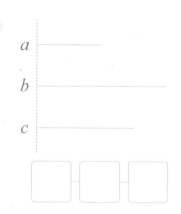

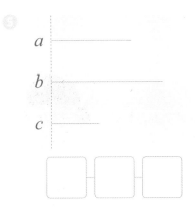

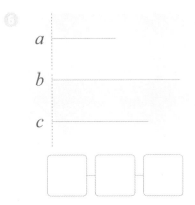

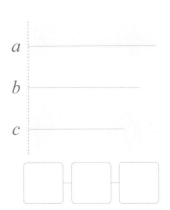

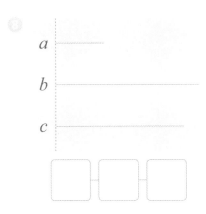

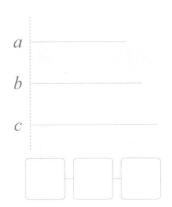

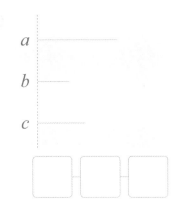

◆ 按照从短到长的顺序在 ▢ 内填入线段的名称。

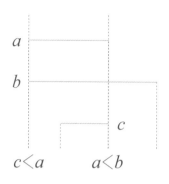

$c<a$　　$a<b$

可以先比较每两条线段的长度，得知线段 c 比线段 a 短，线段 a 又比线段 b 短，所以 $c<a<b$。

❶
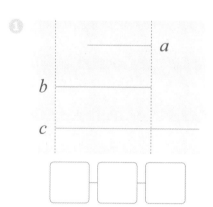

❷
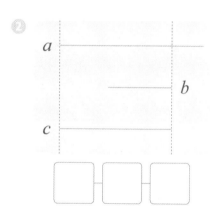

❸
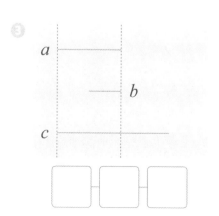

❹
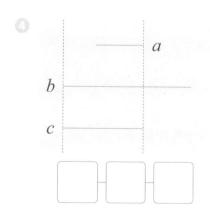

⑤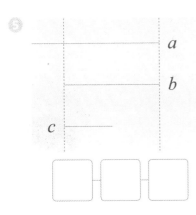

⑥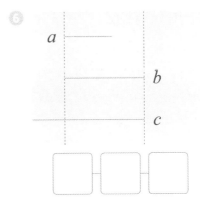

⑦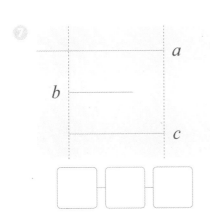

⑧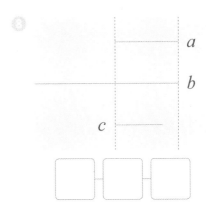

⑨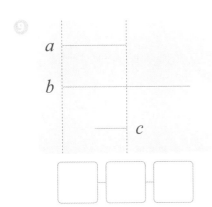

⑩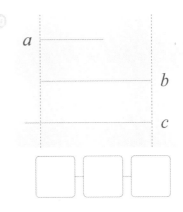

第5天　最短路径

在以下三条连接相同两点的路径中找出最短的一条，并用〇标出。

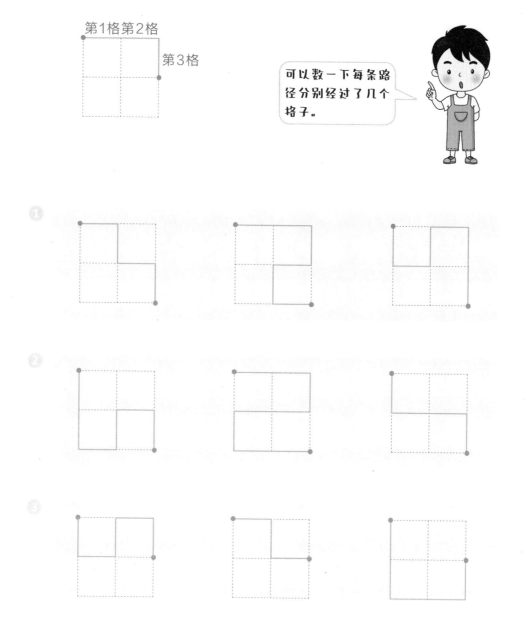

可以数一下每条路径分别经过了几个格子。

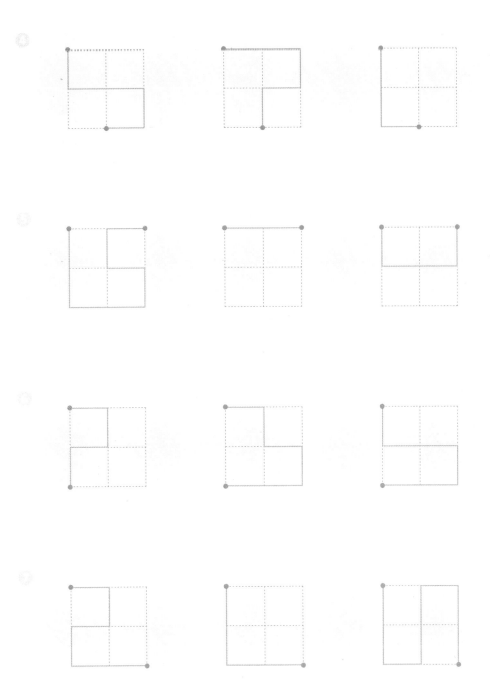

巩固练习

◆ 按照从短到长的顺序在 ☐ 内填入线段的名称。

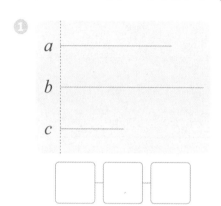

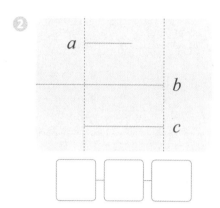

◆ 在以下三条连接相同两点的路径中找出最短的一条,并用○标出。

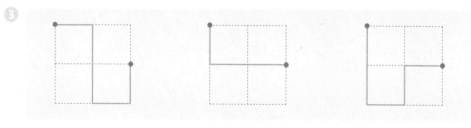

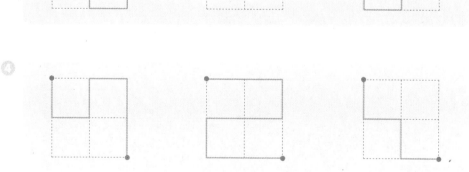

拼接图形

第 1 天：**左右拼接** ·········· 78

第 2 天：**上下拼接** ·········· 80

第 3 天：**向右拼** ·········· 82

第 4 天：**向下拼** ·········· 84

第 5 天：**找一找** ·········· 86

巩固练习 ·········· 88

把左边的两个图形左右拼接，并在右边画出拼好的图形。

可以利用方格，把两个图形准确地移到右边的方格上。

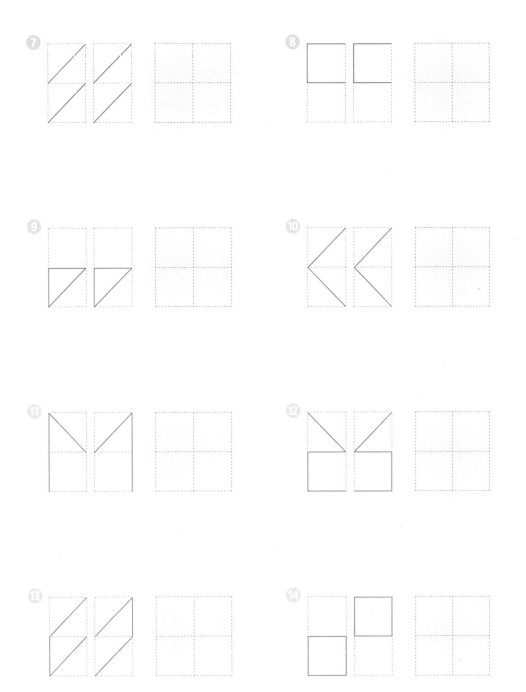

◆ 把左边的两个图形上下拼接，并在右边画出拼好的
图形。

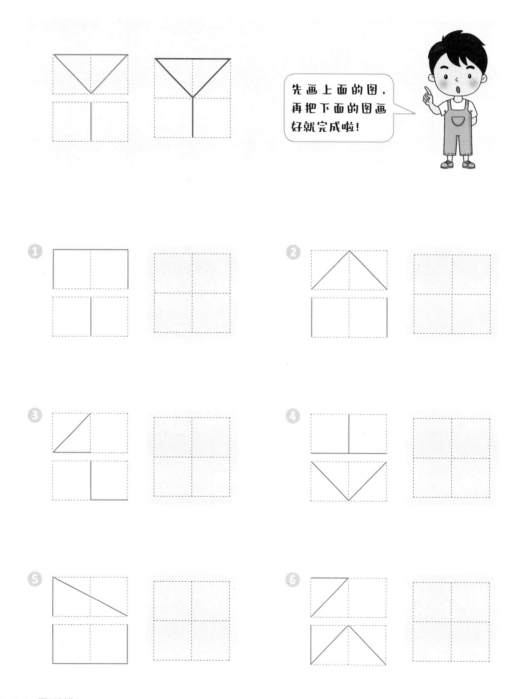

先画上面的图，
再把下面的图画
好就完成啦！

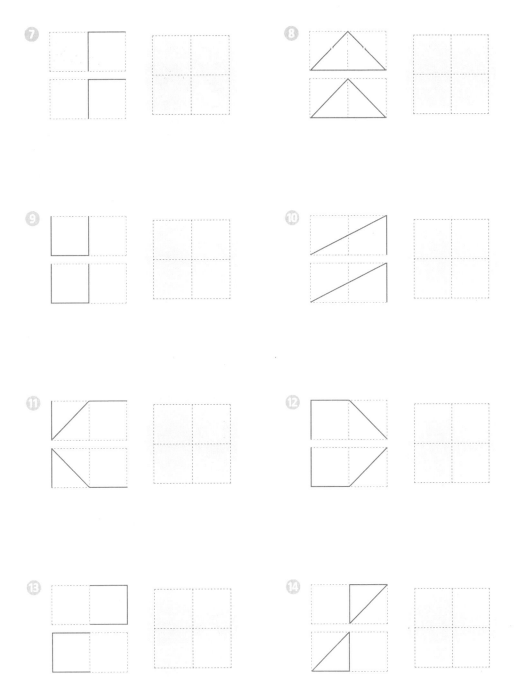

◆ 先在右边画出与左边一样的图形，再在它的右边画出一个完全相同的图形。

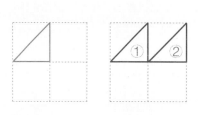

先把左边的画好，再在右边画一个完全相同的图形。

①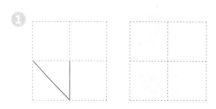

②

③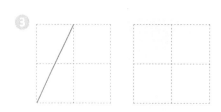

④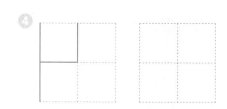

⑤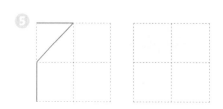

⑥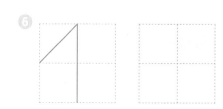

7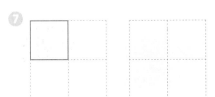

8

9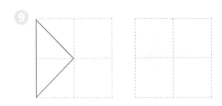

10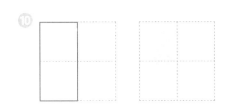

11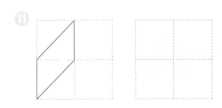

12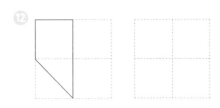

13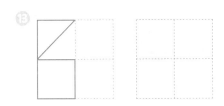

14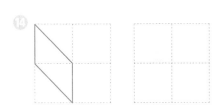

先在右边画出与左边一样的图形，再在它的下面画出一个完全相同的图形。

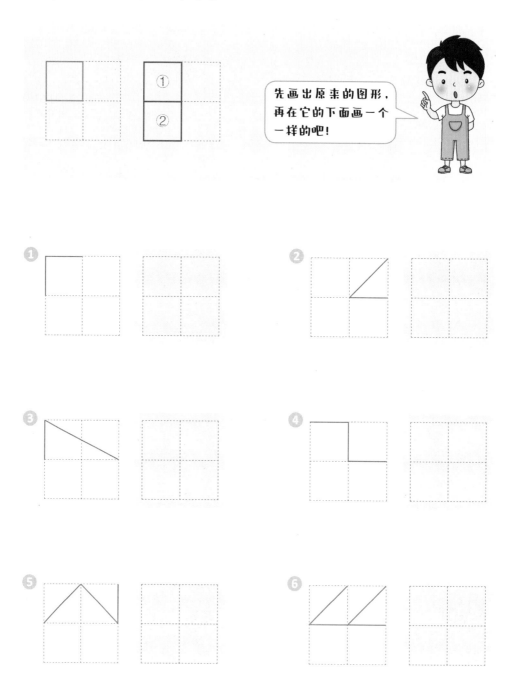

先画出原来的图形，再在它的下面画一个一样的吧！

⑦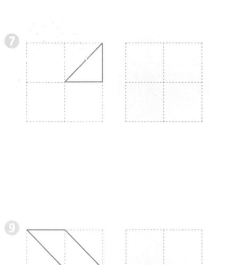

⑧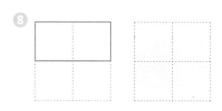

⑨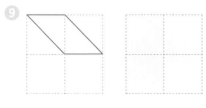

⑩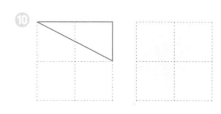

⑪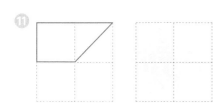

⑫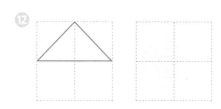

⑬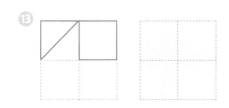

⑭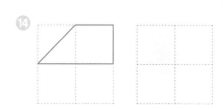

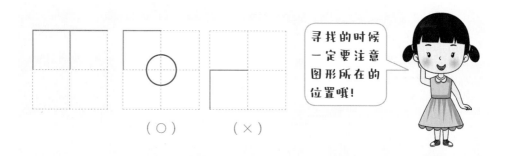

用〇标出能拼成左边图形的部分。

（〇）　　　（×）

寻找的时候一定要注意图形所在的位置哦！

①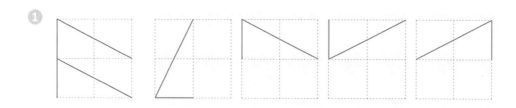

②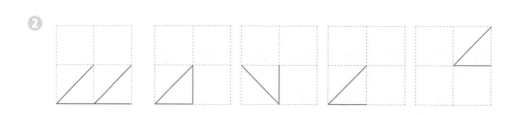

③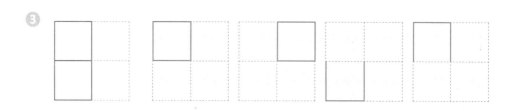

4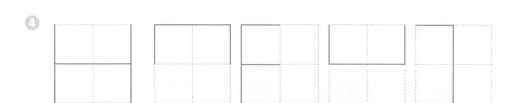

5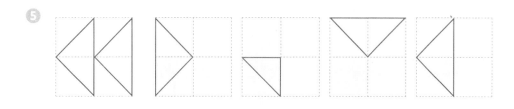

6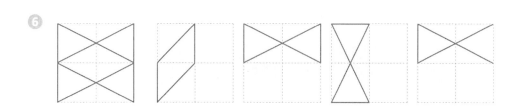

7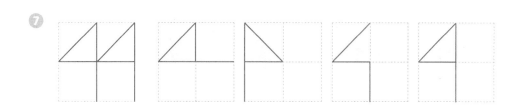

✏️ 把左边的两个图形左右或上下拼接，并在右边画出拼好的图形。

 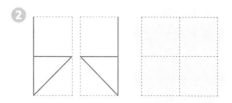

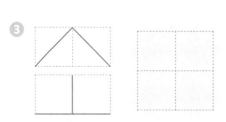 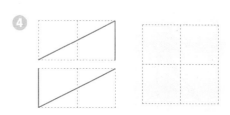

✏️ 先在右边画出与左边一样的图形，再在它的右边画出一个完全相同的图形。

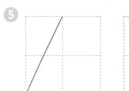

 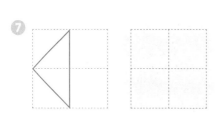

剪切图形

第1天：找出被剪切的图形（1） ………… 90

第2天：找出被剪切的图形（2） ………… 92

第3天：画剪切线 …………………………… 94

第4天：找对子，连一连 ………………… 96

第5天：找出被剪切的图形（3） ………… 98

巩固练习 …………………………………… 100

✎ 找出被虚线切成两块的图形，并用○标出。

三角形被切成了上下两块。

✎ 找出被虚线切成两块的图形，并用○标出。

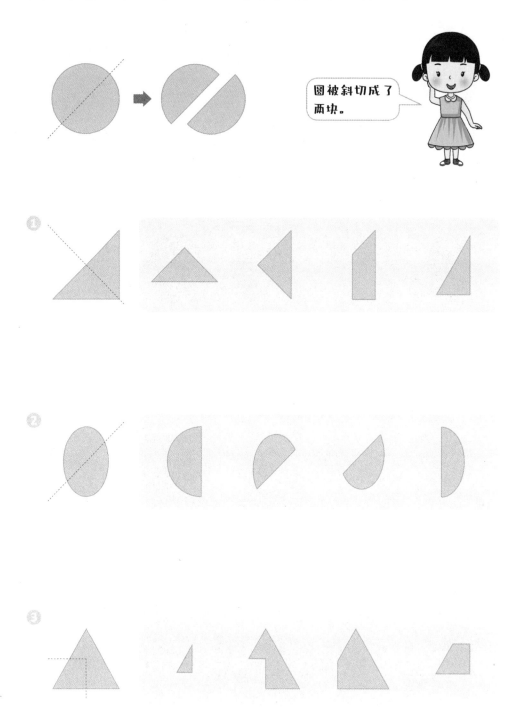

圆被斜切成了两块。

◆ 在右边画出能切成左边两个图形的直线。

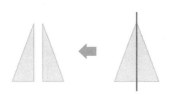

如果想切成左边的样子，我们就要把右边的三角形竖着切开。

◆ 在右边找出能够拼成左图的图形，并用线连在一起。

同样的图形剪切方向不同，切出的形状也不同。

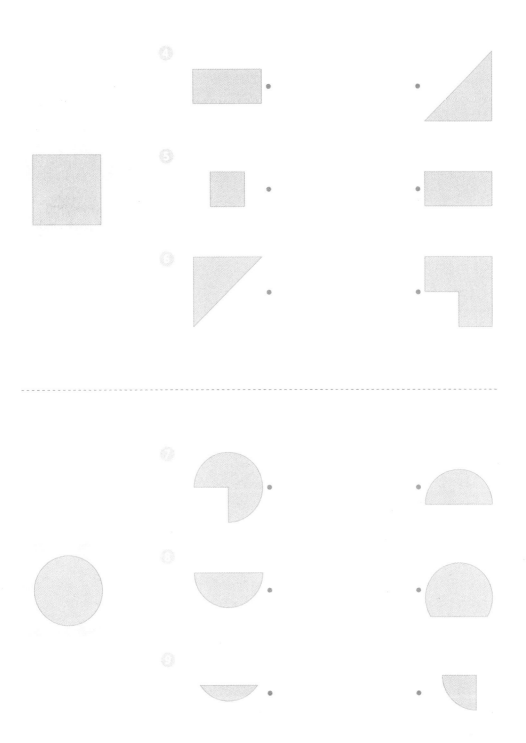

📝 左边的图形被切成了两块，在右边找出这两块图形，

并用〇标出。

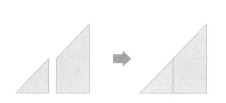 

把两个剪开的
形状拼在一起
就会变成原来
的样子。

◆ 在右边画出能切成左边两个图形的直线。

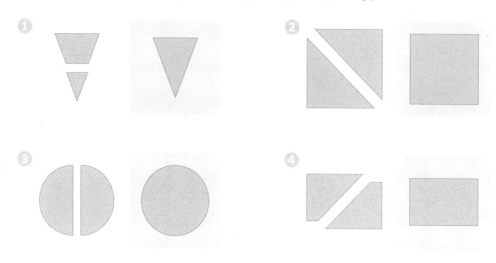

◆ 左边的图形被切成了两块，在右边找出这两块图形，
并用○标出。

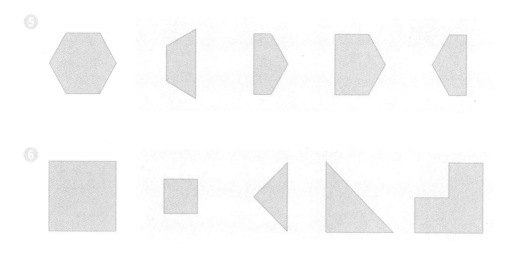

第4周

镜子与位置

第1天：找出不同的图形 ⋯⋯⋯⋯⋯ 102

第2天：画一画 ⋯⋯⋯⋯⋯ 104

第3天：镜子中的图形 ⋯⋯⋯⋯⋯ 106

第4天：镜子中的点 ⋯⋯⋯⋯⋯ 108

第5天：镜子中的线 ⋯⋯⋯⋯⋯ 110

巩固练习 ⋯⋯⋯⋯⋯ 112

◆ 找出下列两张图不同的地方，并在右边的图上用"✕"
标出来。

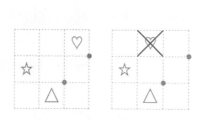

要认真对比
图形和点的
位置。

① 　②

③  　④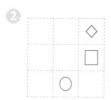

⑤ 　⑥

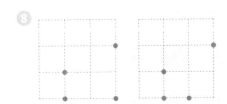

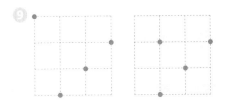

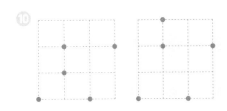

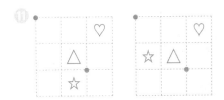

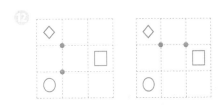

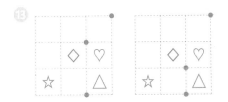

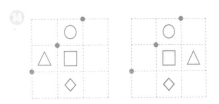

在右边的方格内画出与左边完全相同的图形。

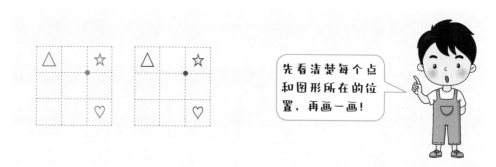

先看清楚每个点和图形所在的位置，再画一画！

❶

❷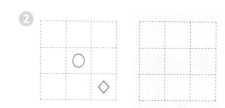

❸

❹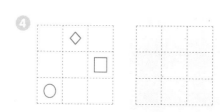

❺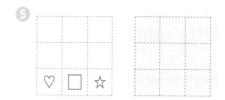

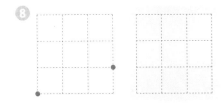

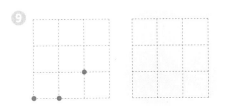

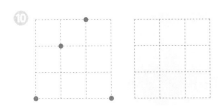

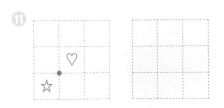

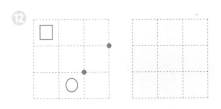

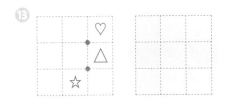

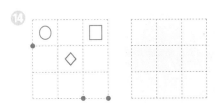

◆ 将左边反射在镜子里的图形画在右边。

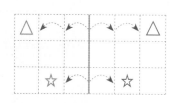

原来的图形与反射在镜子里的图形距镜子的距离是一样的！

❶

❷

❸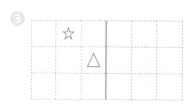

❹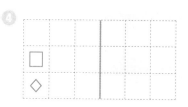

❺

❻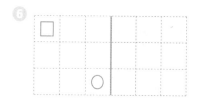

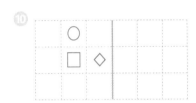

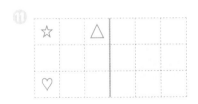

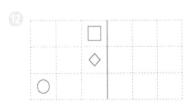

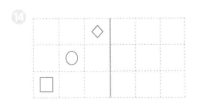

将左边反射在镜子里的图形画在右边。

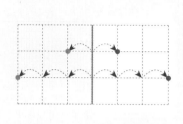

原来的图形里有两个点的话，镜子里也会反射出两个点。

❶

❷

❸

❹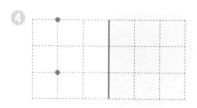

❺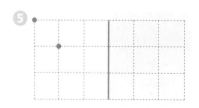

❻

⑦

⑧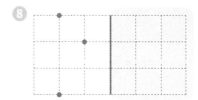

⑨

⑩

⑪

⑫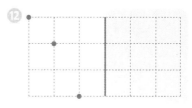

⑬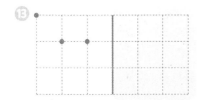

⑭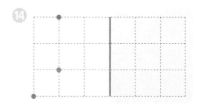

◆ 将左边反射在镜子里的线画在右边。

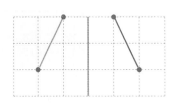

在线段的两端或转折的地方画上点的话，应该会有帮助！

❶

❷

❸

❹

❺

❻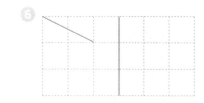

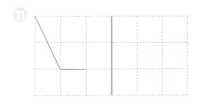

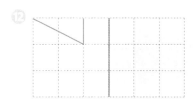

◆ 在右边的方格内画出与左边完全相同的图形。

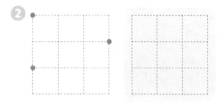

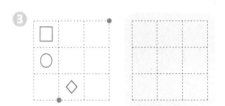

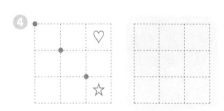

◆ 将左边反射在镜子里的图形画在右边。

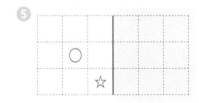

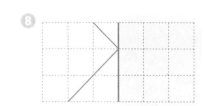

评价测试

此前4周的学习内容会出现在评价测试中。如果题目做错了，请确认是第几周的内容，并认真复习直到学会。

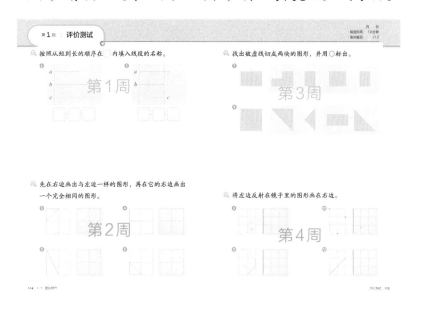

按照从短到长的顺序在 ☐ 内填入线段的名称。

1

a ─────────
b ──────
c ────────

☐ ☐ ☐

2

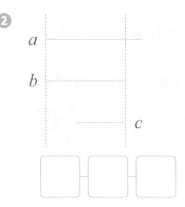

a ─────────
b ──────
c ─────

☐ ☐ ☐

先在右边画出与左边一样的图形，再在它的右边画出一个完全相同的图形。

3

4

5

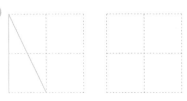

6

🔍 找出被虚线切成两块的图形，并用○标出。

⑦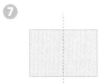

⑧

🔍 将左边反射在镜子里的图形画在右边。

⑨ 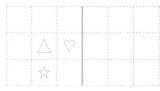 ⑩

⑪  ⑫

🔍 在以下三条连接相同两点的路径中找出最短的一条，并用○标出。

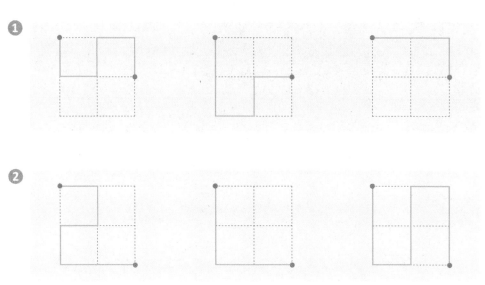

🔍 把左边的两个图形左右或上下拼接，并在右边画出拼好的图形。

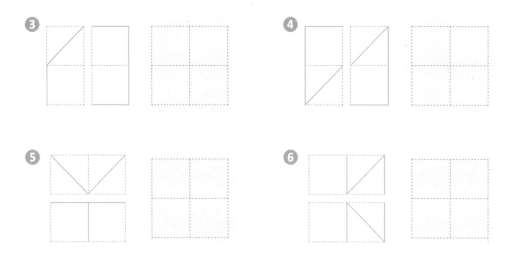

左边的图形被切成了两块，在右边找出这两块图形，并用〇标出。

❼

❽

 在右边的方格内画出与左边完全相同的图形。

❾

❿

⓫
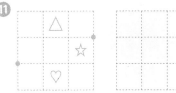

⓬

🔍 找出两条线段中更长的那一条，并用○标出。

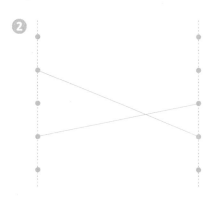

🔍 把左边的两个图形左右或上下拼接，并在右边画出拼好的图形。

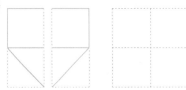

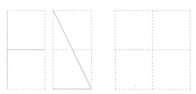

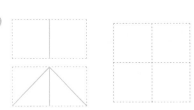

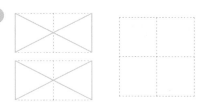

在右边画出能切成左边两个图形的直线。

将左边反射在镜子里的图形画在右边。

 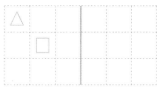

 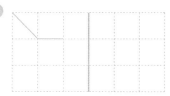

按照从短到长的顺序在 □ 内填入线段的名称。

❶
a ——————————
b —————————
c ———————

❷
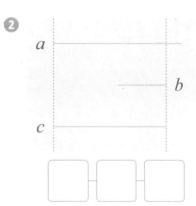

先在右边画出与左边一样的图形，再在它的下面画出一个完全相同的图形。

❸
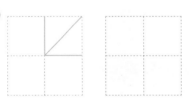

❹
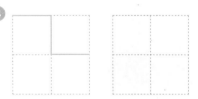

❺
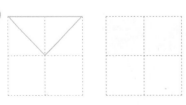

❻
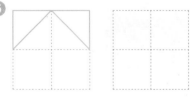

左边的图形被切成了两块，在右边找出这两块图形，并用○标出。

❼

❽

在右边的方格内画出与左边完全相同的图形。

❾

❿

⓫

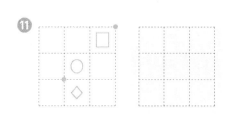

⓬

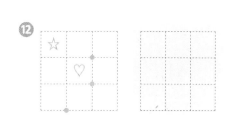

在以下三条连接相同两点的路径中找出最短的一条，并用〇标出。

❶

❷

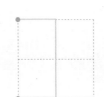 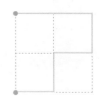

先在右边画出与左边一样的图形，再在它的右边画出一个完全相同的图形。

❸

❹

❺

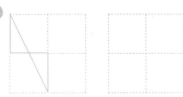

❻

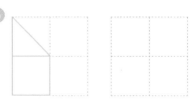

🔍 在右边画出能切成左边两个图形的直线。

7

8

🔍 将左边反射在镜子里的图形画在右边。

9

10

11

12

图书在版编目（CIP）数据

空间思维培养全书.1级／韩国C2M教育研究所编;(韩)
赵润雨译.－－济南：山东人民出版社，2022.11
　　ISBN 978-7-209-14017-1

　　Ⅰ.①空… Ⅱ.①韩… ②赵… Ⅲ.①数学－少儿读物
Ⅳ.①O1-49

中国版本图书馆CIP数据核字(2022)第158237号

山东省版权局著作权合同登记号　图字：15-2022-128

空间思维培养全书·1级

KONGJIAN SIWEI PEIYANG QUANSHU　1 JI

[韩]C2M教育研究所　编　[韩]赵润雨　译

主管单位　山东出版传媒股份有限公司
出版发行　山东人民出版社
出 版 人　胡长青
社　　址　济南市市中区舜耕路517号
邮　　编　250003
电　　话　总编室（0531）82098914
　　　　　市场部（0531）82098027
网　　址　http://www.sd-book.com.cn
印　　装　济南新先锋彩印有限公司
经　　销　新华书店

规　　格　16开（170mm×240mm）
印　　张　32
字　　数　230千字
版　　次　2022年11月第1版
印　　次　2022年11月第1次
ISBN 978-7-209-14017-1
定　　价　164.00元（4册）
如有印装质量问题，请与出版社总编室联系调换。

1级

空间思维
培养全书

答案

1-1　平面规则　图形制作

第1天 点一点

◆ 在线与线的相交处画一个点。

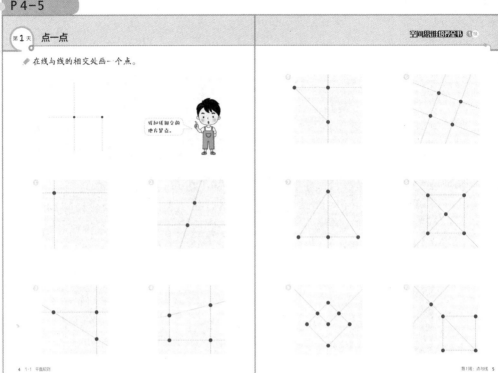

第2天 连一连

◆ 用线段把数字相同的两个点连在一起。

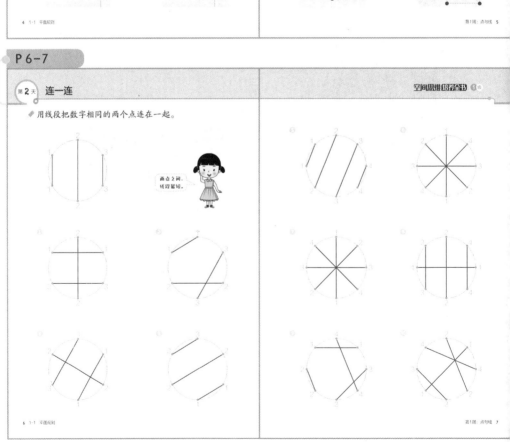

P 8-9

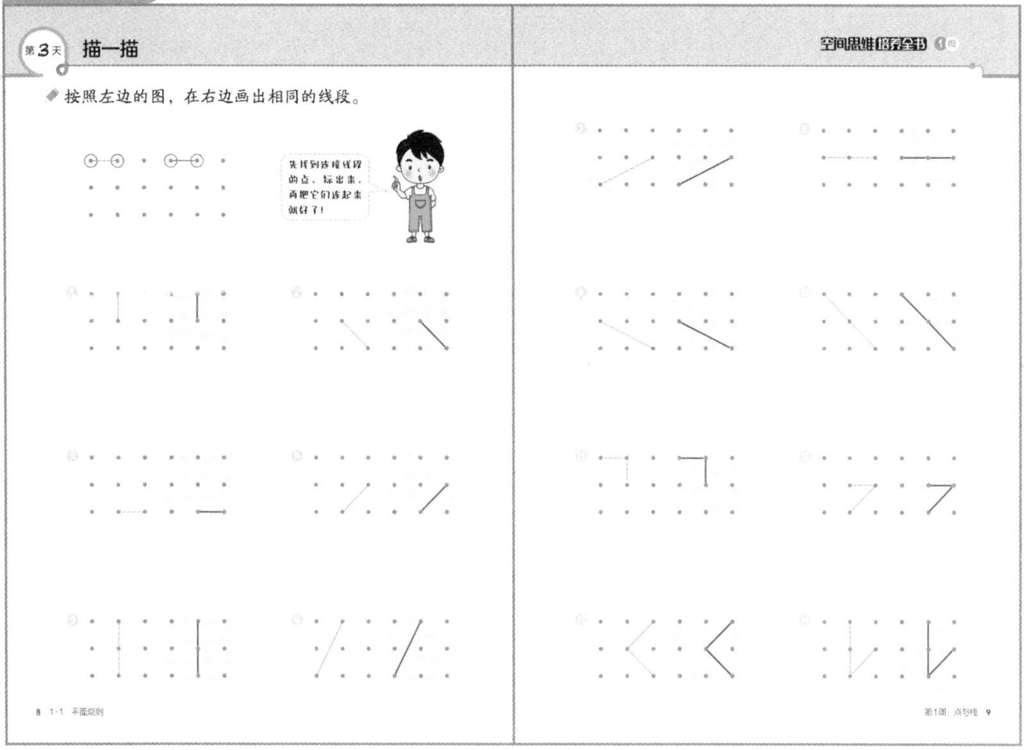
第3天 描一描

空间思维培养全书 1级

按照左边的图，在右边画出相同的线段。

先找到连接线段的点，标出来，再把它们连起来就好了！

8 1-1 平面规则

第1周：点与线 9

P 10-11

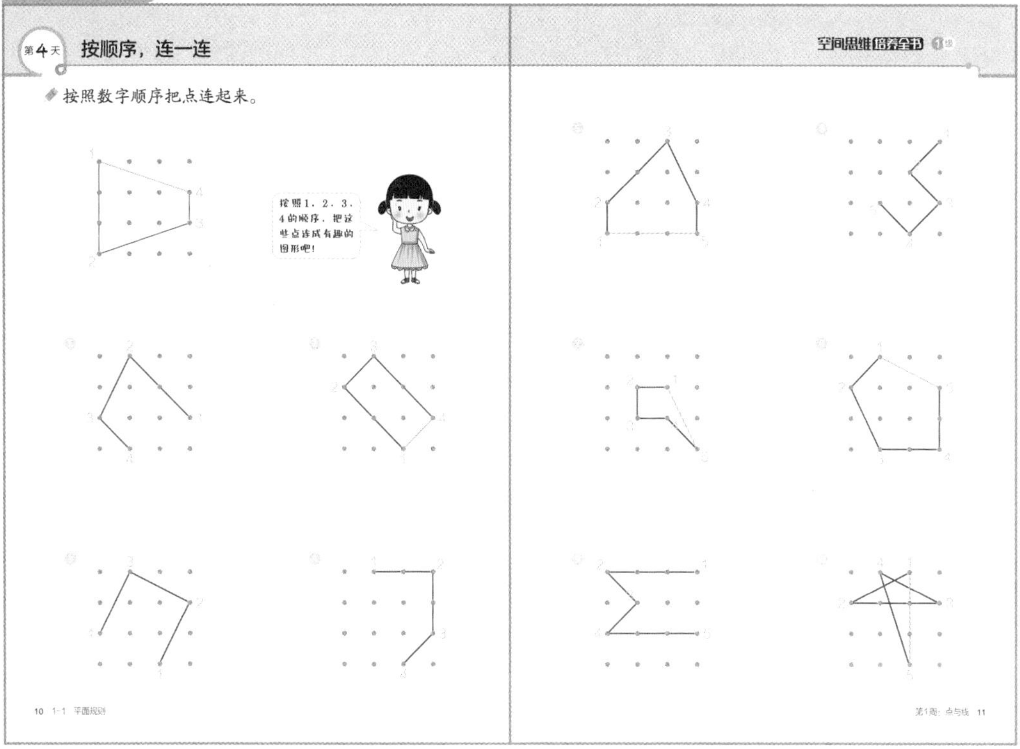
第4天 按顺序，连一连

空间思维培养全书 1级

按照数字顺序把点连起来。

按照1、2、3、4的顺序，把这些点连成有趣的图形吧！

10 1-1 平面规则

第1周：点与线 11

给图形画边线

空间思维训练全书

◆ 画出图形的边线，并在线段相交处画上点。

 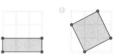

P 14

巩固练习

◆ 按照数字顺序把点连起来。

◆ 画出图形的边线，并在线段相交处画上点。

第1天 找一找（1）

空间思维培养全书 1级

找出与左边相同的图形，并用○标出来。

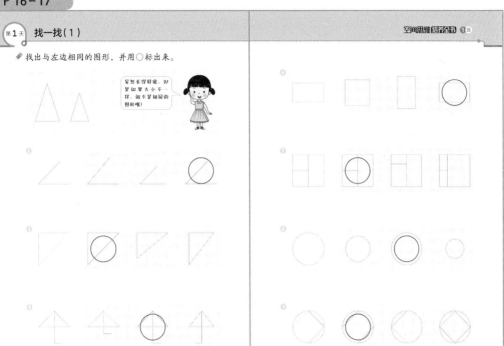

16 1-1 平面规则

第2周：相同的图形 17

第2天 找一找（2）

空间思维培养全书 1级

找出2个相同的图形，并用○标出来。

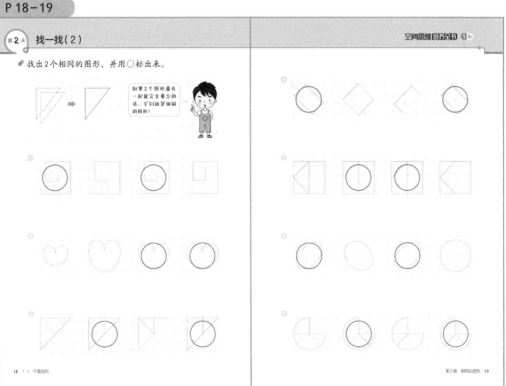

18 1-1 平面规则

第2周：相同的图形 19

◆注意左边图形中转折的地方，再把两个点连起来。

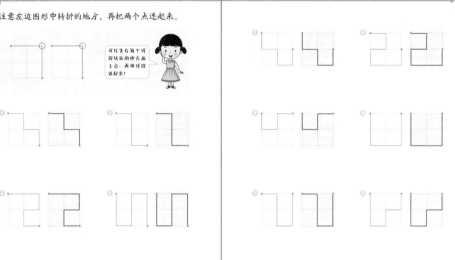

可以先在每个转折的地方画上点，再用铅笔连起来！

◆画出与左边相同的图形。

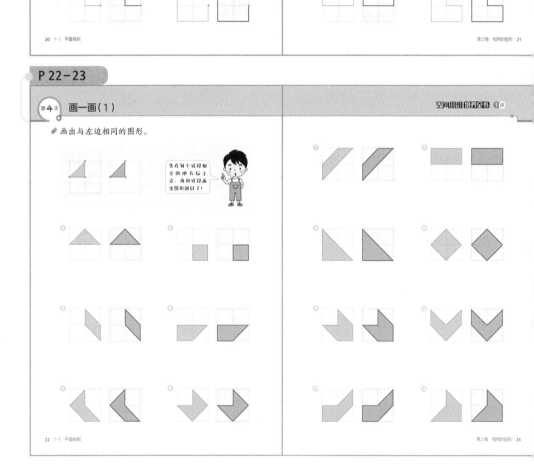

先在每个转折相交的地方标上点，再用铅笔画出图形就好了！

P 24-25

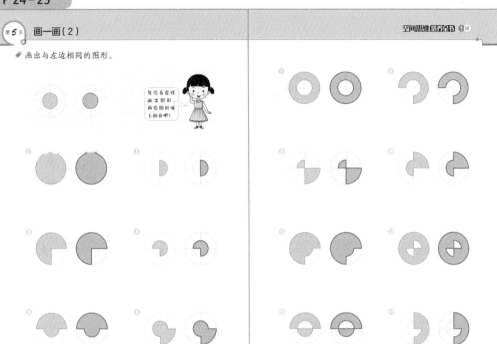

第5天 画一画（2）

◆ 画出与左边相同的图形。

P 26

巩固练习

◆ 找出2个相同的图形，并用○标出来。

◆ 画出与左边相同的图形。

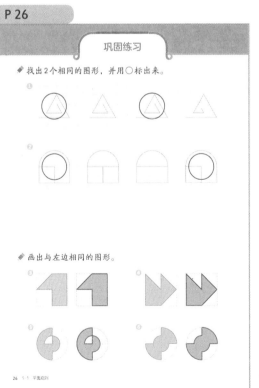

第1天 数一数相交处的点

◆ 在线段相交处画上点，并在 □ 内填入点的数量。

2

1

2

2

3

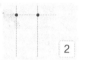
2

2

4

3

5

6

第2天 数一数转折处的点

◆ 在线段转折处画上点，并在 □ 内填入点的数量。

2

3

4

3

4

4

4

5

4

5

6

第3天 **数直线(1)**

用○标出连接两个点的线段，并把线段的数量填入 □ 内。

3

连接画点可以画出一笔好吗

4

4

3

3

5

4

4

5

5

6

第4天 **数直线(2)**

用○标出转折处的线段，并把线段的数量填入 □ 内。

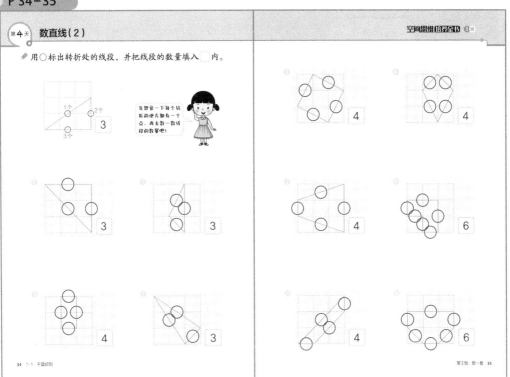

先想象一下每个转折的地方都有一个点，再去数线段的数量吧！

3

3

3

4

4

4

6

4

3

4

6

第5天 点与线的数量

空间思维培养全书 ①

◆ 分别数出交点与线段的数量，并填入 □ 内。

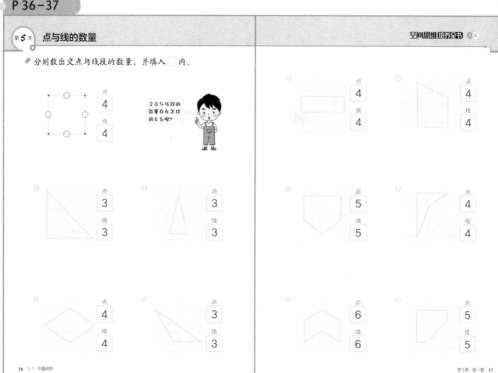

点 **4**
线 **4**

交点与线段的数量有怎样的关系呢？

点 **4**
线 **4**

点 **4**
线 **4**

点 **3**
线 **3**

点 **3**
线 **3**

点 **5**
线 **5**

点 **4**
线 **4**

点 **4**
线 **4**

点 **3**
线 **3**

点 **6**
线 **6**

点 **5**
线 **5**

巩固练习

◆ 在线段相交处画上点，并在 □ 内填入点的数量。

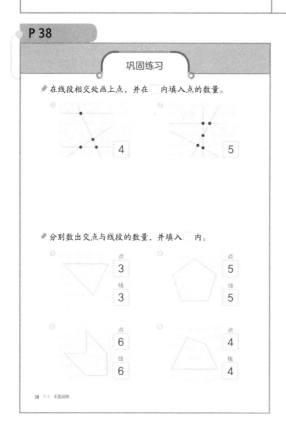

4

5

◆ 分别数出交点与线段的数量，并填入 □ 内。

点 **3**
线 **3**

点 **5**
线 **5**

点 **6**
线 **6**

点 **4**
线 **4**

第1天 找不同的图形（1）

空间思维培养全书 1级

◆ 找出与其他不属于同一类别的图形，并用 × 标出。

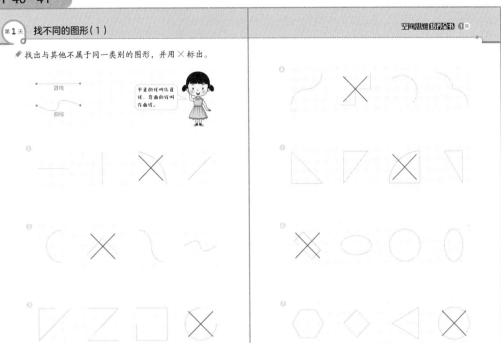

第2天 找不同的图形（2）

空间思维培养全书 1级

◆ 找出与其他不属于同一类别的图形，并用 × 标出。

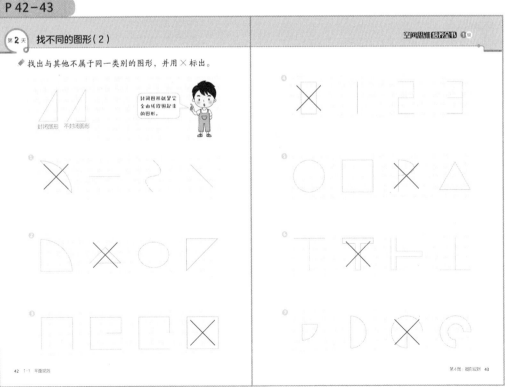

第3天 找规律,点一点

在下图中找出规律,并按照规律在方格上画点。

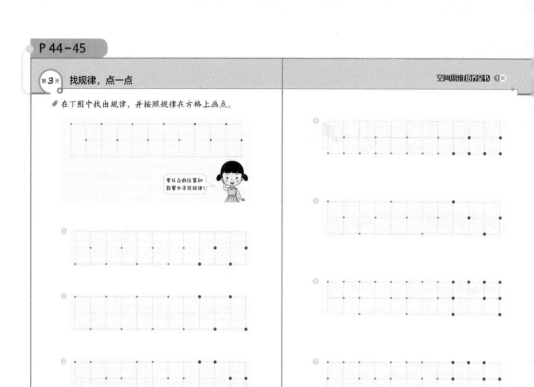

要从点的位置和数量中寻找规律!

第4天 找规律,连一连

在下图中找出规律,并用线段连成规律的图形。

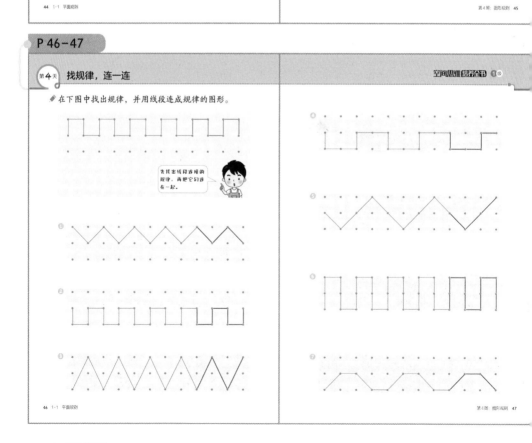

先找出线段连接的规律,再把它们连在一起。

第5天 找规律，画一画

空间思维培养全书 1级

找出图中的规律，并按照规律在右边的空白处画出图形。

要看清可以怎么增加或减少的！

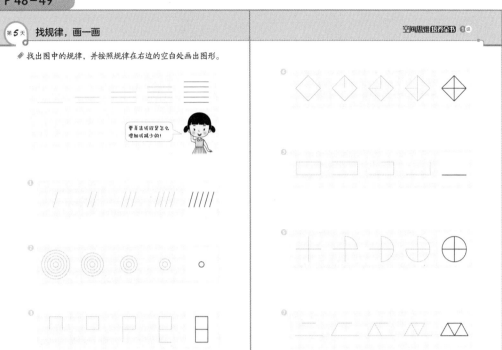

巩固练习

找出与其他不属于同一类别的图形，并用 × 标出。

在下图中找出规律，并按照规律在方格上画点。

第 1 回 ： 评价测试

按照数字顺序把点连起来。

分别数出交点与线段的数量，并填入 ☐ 内。

画出与左边相同的图形。

找出与其他不属于同一类别的图形，并用 × 标出。

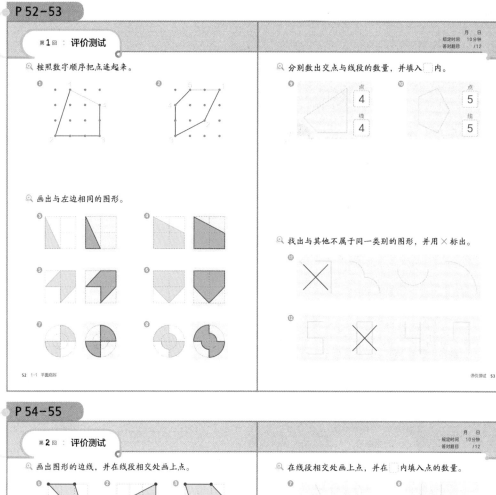

第 2 回 ： 评价测试

画出图形的边线，并在线段相交处画上点。

在线段相交处画上点，并在 ☐ 内填入点的数量。

找出 2 个相同的图形，并用 〇 标出来。

在下图中找出规律，并按照规律在方格上画点。

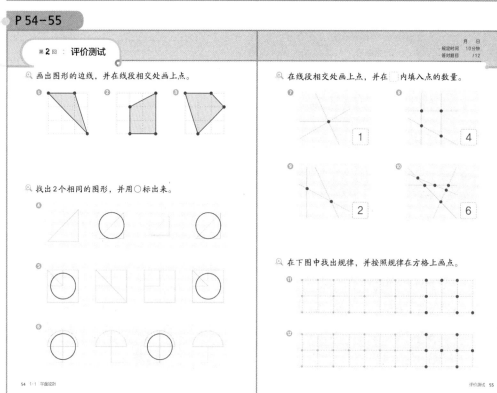

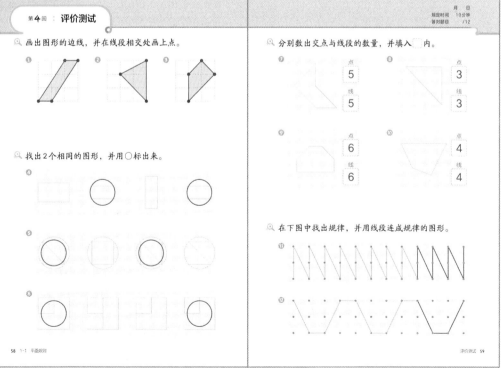

第3回 ： 评价测试

月　日
规定时间　10分钟
答对题目　/11

按照数字顺序把点连起来。

①　②

找出与左边相同的图形，并用○标出来。

③

④

⑤

分别数出交点与线段的数量，并填入 内。

⑥
点 3
线 3

⑦
点 6
线 6

⑧
点 4
线 4

⑨
点 4
线 4

找出图中的规律，并按照规律在右边的空白处画出图形。

⑩

⑪

56　1-1 平面规则

评价测试 57

第4回 ： 评价测试

月　日
规定时间　10分钟
答对题目　/12

画出图形的边线，并在线段相交处画上点。

①　②　③

找出2个相同的图形，并用○标出来。

④

⑤

⑥

分别数出交点与线段的数量，并填入 内。

⑦
点 5
线 5

⑧
点 3
线 3

⑨
点 6
线 6

⑩
点 4
线 4

在下图中找出规律，并用线段连成规律的图形。

⑪

⑫

58　1-1 平面规则

评价测试 59

1-1 平面规则　15

第 5 回 ： 评价测试

月　日
规定时间　10分钟
答对题目　　/12

按照数字顺序把点连起来。

在线段相交处画上点，并在 □ 内填入点的数量。

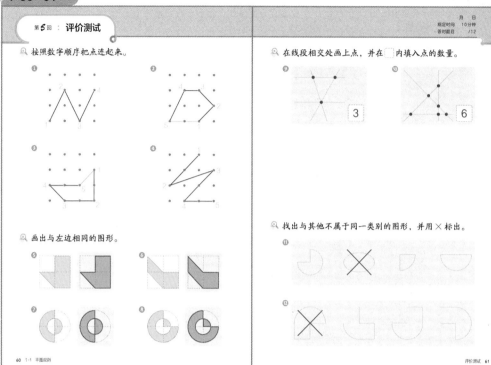

①　②

③　④

画出与左边相同的图形。

⑤　⑥

⑦　⑧

⑨ [3]　⑩ [6]

找出与其他不属于同一类别的图形，并用 × 标出。

⑪

⑫

用○标出两点之间最长的线，再用×标出两点间最短的线。

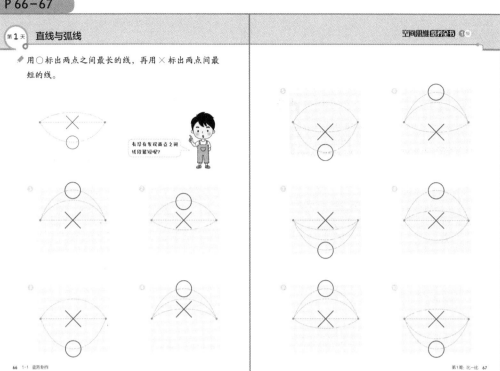

找出两条线段中更长的那一条，并用○标出。

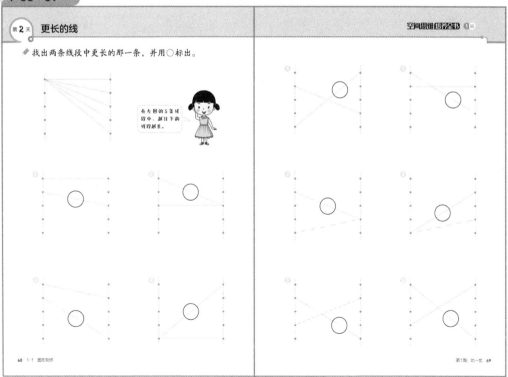

第**3**天 比长短（1）

◆ 按照从短到长的顺序在 ☐ 内填入线段的名称。

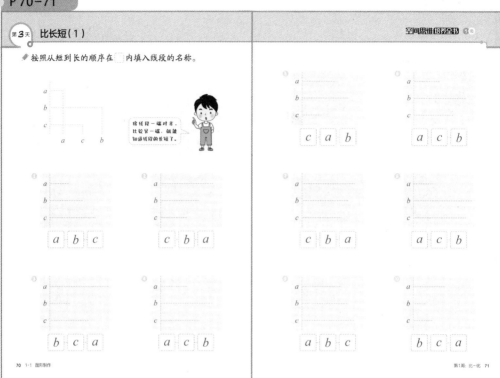

第**4**天 比长短（2）

◆ 按照从短到长的顺序在 ☐ 内填入线段的名称。

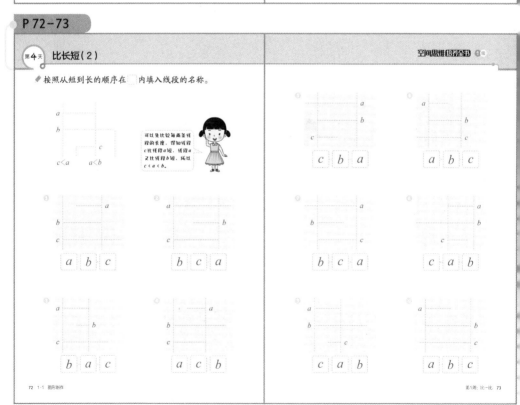

第5天 最短路径

在以下三条连接相同两点的路径中找出最短的一条，并用○标出。

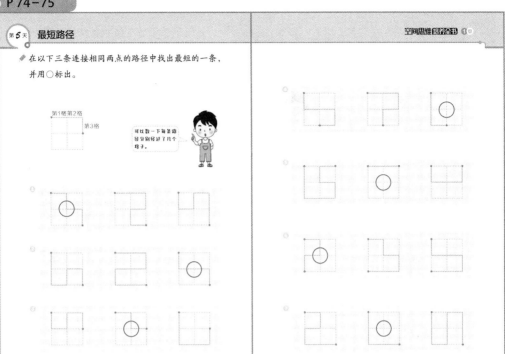

第1格第2格
第3格

可以数一下每条路径分别经过了几个格子。

巩固练习

按照从短到长的顺序在 □ 内填入线段的名称。

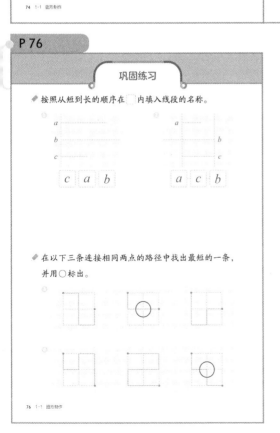

a
b
c

| c | a | b |

a

b
c

| a | c | b |

在以下三条连接相同两点的路径中找出最短的一条，并用○标出。

第1天 **左右拼接**

把左边的两个图形左右拼接，并在右边画出拼好的图形。

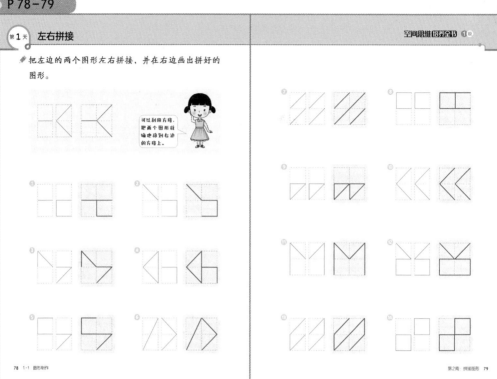

第2天 **上下拼接**

把左边的两个图形上下拼接，并在右边画出拼好的图形。

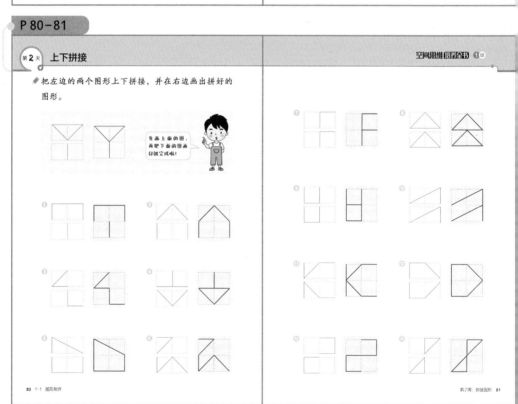

第3天 向右拼

◆ 先在右边画出与左边一样的图形，再在它的右边画出一个完全相同的图形。

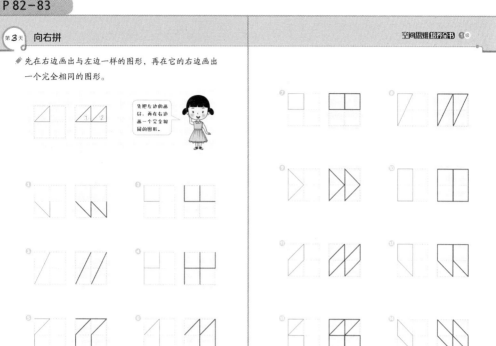

第4天 向下拼

◆ 先在右边画出与左边一样的图形，再在它的下面画出一个完全相同的图形。

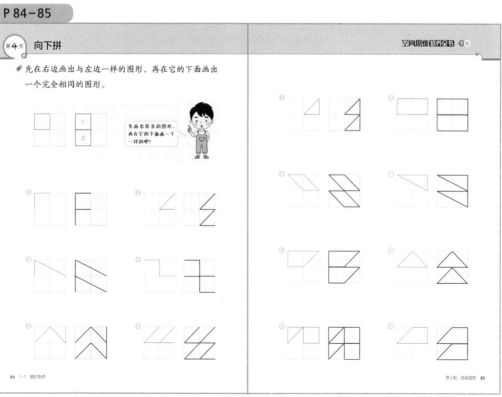

第 5 天　找一找

用○标出能拼成左边图形的部分。

寻找的时候一定要注意图形所在的位置喔！

巩固练习

把左边的两个图形左右或上下拼接，并在右边画出拼好的图形。

先在右边画出与左边一样的图形，再在它的右边画出一个完全相同的图形。

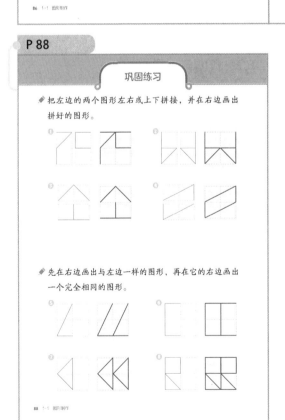

22　1-1　图形制作

第1天 找出被剪切的图形（1）

找出被虚线切成两块的图形，并用○标出。

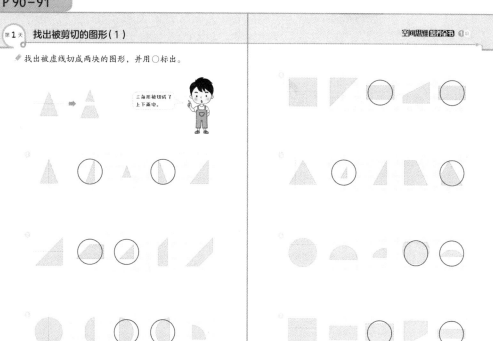

三角形被切成了上下两块。

第2天 找出被剪切的图形（2）

找出被虚线切成两块的图形，并用○标出。

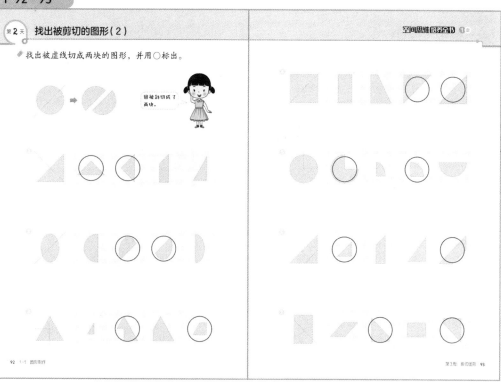

圆被斜切成了两块。

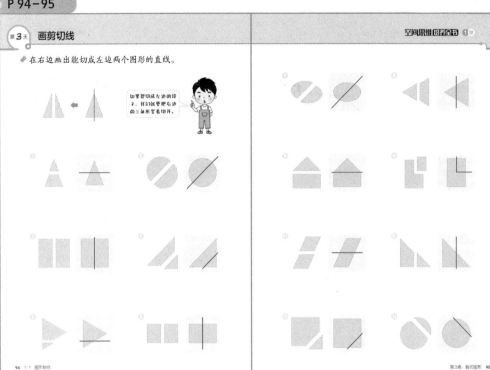

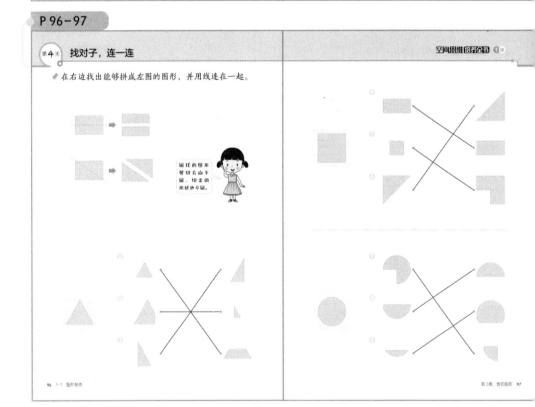

第 5 天 找出被剪切的图形（3）

空间思维培养全书 ①级

左边的图形被切成了两块，在右边找出这两块图形，并用○标出。

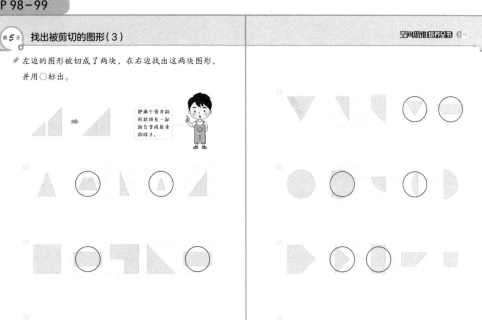

把画个剪开的形状拼在一起就会变成原来的样子。

98 1-1 图形制作

第3角 剪切图形 99

巩固练习

在右边画出能切成左边两个图形的直线。

左边的图形被切成了两块，在右边找出这两块图形，并用○标出。

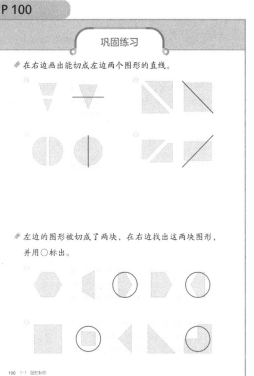

100 1-1 图形制作

1-1 图形制作 25

第1天 找出不同的图形

空间思维培养全书 1级

找出下列两张图不同的地方，并在右边的图上用"╳"标出来。

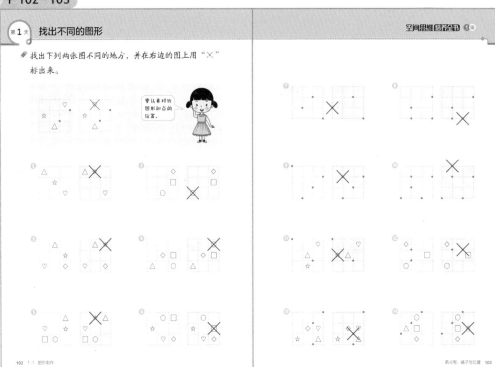

第2天 画一画

空间思维培养全书 1级

在右边的方格内画出与左边完全相同的图形。

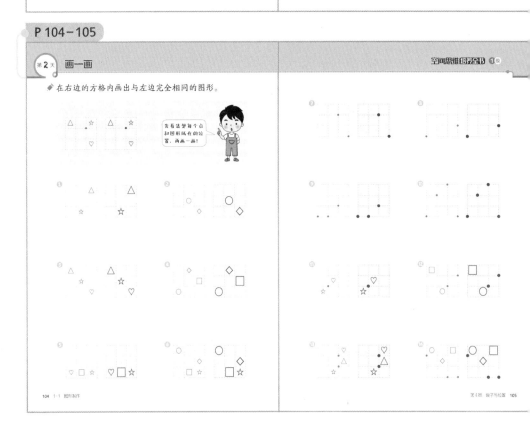

P 106－107

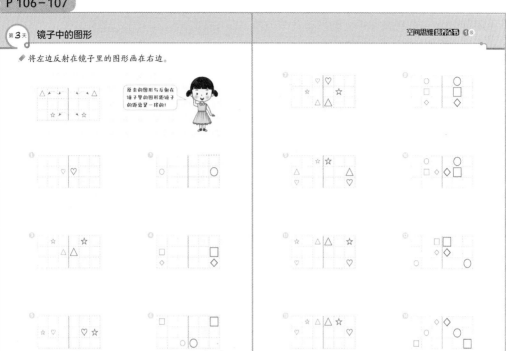

P 108－109

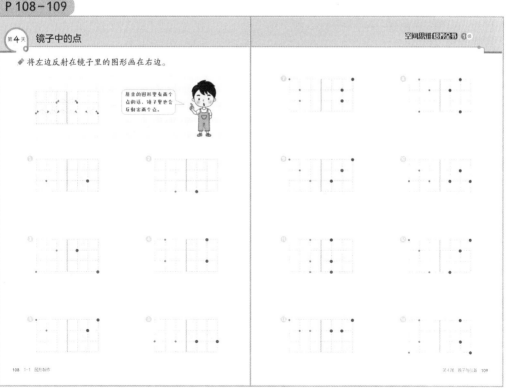

第5天 镜子中的线

将左边反射在镜子里的线画在右边。

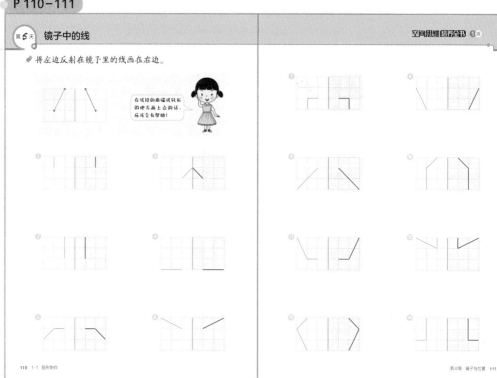

在可能的画端或转折的地方画上点的话，应该会有帮助！

110 1-1 图形制作

第4周：镜子与位置 111

巩固练习

在右边的方格内画出与左边完全相同的图形。

将左边反射在镜子里的图形画在右边。

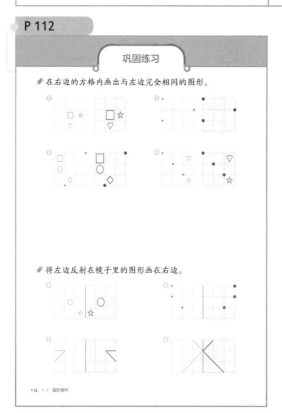

112 1-1 图形制作

第**1**回 ： 评价测试

月　日
规定时间　10分钟
答对题目　　/12

按照从短到长的顺序在 □ 内填入线段的名称。

①
a
b
c

| a | b | c |

②
a
b
c

| c | b | a |

找出被虚线切成两块的图形，并用〇标出。

⑦

⑧

先在右边画出与左边一样的图形，再在它的右边画出
一个完全相同的图形。

③ ④ ⑤ ⑥

将左边反射在镜子里的图形画在右边。

⑨ ⑩ ⑪ ⑫

第**2**回 ： 评价测试

月　日
规定时间　10分钟
答对题目　　/12

在以下三条连接相同两点的路径中找出最短的一条，
并用〇标出。

① ②

左边的图形被切成了两块，在右边找出这两块图形，
并用〇标出。

⑦ ⑧

把左边的两个图形左右或上下拼接，并在右边画出拼
好的图形。

③ ④ ⑤ ⑥

在右边的方格内画出与左边完全相同的图形。

⑨ ⑩ ⑪ ⑫

第3回 ： 评价测试

找出两条线段中更长的那一条，并用○标出。

①  ②

把左边的两个图形左右或上下拼接，并在右边画出拼好的图形。

③ ④

⑤ ⑥

在右边画出能切成左边两个图形的直线。

⑦ ⑧

将左边反射在镜子里的图形画在右边。

⑨ ⑩

⑪ ⑫

118　1-1　图形制作

评价测试　119

第4回 ： 评价测试

按照从短到长的顺序在　　内填入线段的名称。

①
b c a

②
b c a

先在右边画出与左边一样的图形，再在它的下面画出一个完全相同的图形。

③ ④

⑤ ⑥

左边的图形被切成了两块，在右边找出这两块图形，并用○标出。

⑦

⑧

在右边的方格内画出与左边完全相同的图形。

⑨ ⑩

⑪ ⑫

120　1-1　图形制作

评价测试　121

30　1-1　图形制作

第 *5* 回 ： 评价测试

月　日
规定时间　10分钟
答对题目　/12

在以下三条连接相同两点的路径中找出最短的一条，
并用〇标出。

在右边画出能切成左边两个图形的直线。

先在右边画出与左边一样的图形，再在它的右边画出
一个完全相同的图形。

将左边反射在镜子里的图形画在右边。

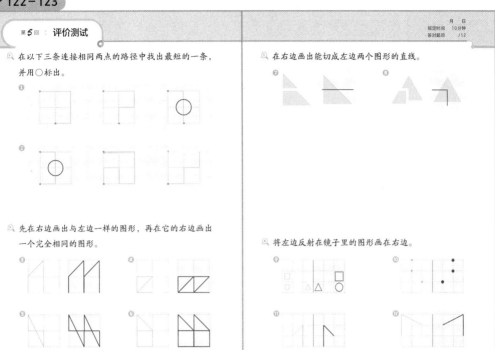